Diogenes Taschenbuch 24816

KATHERINE RUNDELL, geboren 1987 in Kent, ist Fellow am All Souls College in Oxford. Ihre preisgekrönten Kinderbücher wurden in über dreißig Sprachen übersetzt, ihre Sachbücher, etwa über John Donne und über die Frage, warum auch Erwachsene Kinderbücher lesen sollten, standen auf den Bestsellerlisten. Sie schreibt unter anderem für die ›London Review of Books‹, das ›Times Literary Supplement‹ und die ›New York Times‹.

Katherine Rundell

WARUM DIE GIRAFFE NICHT IN OHNMACHT FÄLLT

UND ANDERE KURIOSITÄTEN AUS DEM TIERREICH

Aus dem Englischen von
Tobias Rothenbücher

Mit farbigen Illustrationen von
Talya Baldwin

Diogenes

Die Originalausgabe erschien 2022 bei Faber & Faber, London, unter dem Titel ›The Golden Mole and Other Living Treasure‹

Die deutsche Erstausgabe erschien 2023 im Diogenes Verlag
Covermotiv: Illustration von Talya Baldwin

Der Übersetzer dankt dem Europäischen
Übersetzer-Kollegium in Straelen für die Gelegenheit zur
konzentrierten Arbeit an diesem Buch

Veröffentlicht als Diogenes Taschenbuch, 2025

info@diogenes.ch · www.diogenes.ch
In Fragen zur Produktsicherheit (GPSR):
truepages UG (haftungsbeschränkt)
Westermühlstraße 29, 80469 München
info@truepages.de
80/25/61/1
ISBN 978 3 257 24816 6

Für meinen Onkel Chris, der mir eine Menge über die Welt der Lebewesen beigebracht hat.

Der Welt wird es nie an Erstaunlichem
mangeln, sondern nur am Staunen.

G.K. Chesterton

INHALTSVERZEICHNIS

EINLEITUNG

Ein Mauersegler fliegt im Laufe seines Lebens etwa zwei Millionen Kilometer; das entspricht der Strecke zum Mond, zweimal hin und zurück, und dann noch einmal zum Mond. Mindestens zehn Monate des Jahres fliegt er ohne Pause. Von Wolken umspült und im Flug schlafend muss er überhaupt nicht landen.

Der nordamerikanische Waldfrosch übersteht den Winter, indem er sich vollständig gefrieren lässt. Sein Herz schlägt langsamer, dann steht es still: Das Wasser, das seine Organe umgibt, wird zu Eis. Mit Beginn des Frühlings taut er wieder auf, und das Herz setzt sich von selbst wieder in Gang. Wir verstehen noch immer nicht, woher es weiß, dass es erneut schlagen soll.

Im Meer pfeifen Delfine für ihre Jungen im Mutterleib; schon Monate vor der Geburt und zwei Wochen danach singt das Weibchen immer wieder dasselbe Erkennungszeichen. In dieser Zeit sind die anderen Delfine leiser als gewöhnlich, um das ungeborene Kalb nicht zu verwirren, damit es den Ruf der Mutter erkennen lernt.

Solche Dinge – ewiger Flug, sich selbst reanimierende Herzen, ungeborene Babys, die einen Namen lernen – klingen wie Märchen, die wir Kindern erzählen. Tatsächlich aber ist die Realität so verblüffend, dass unsere Fähigkeit zu staunen, so groß sie auch sein mag, gerade eben den Rand der Wahrheit streift.

In diesem Buch geht es um Momente, in denen Lebewesen unseren Weg kreuzten, Momente der Freude, aber auch der Erschütterung, Augenblicke des Glücks, der Erhabenheit und der Dummheit. Es sind Begegnungen, die uns den Spiegel vorhalten und in denen wir uns verzückt und aus der Fassung gebracht sehen – von unserer seltsamsten Seite. So zahlreich sind die Berichte solcher Zusammentreffen, dass sie viele Tausend Bücher füllen könnten: etwa die Geschichte vom heiligen Cuthbert, einem auf der Insel Lindisfarne lebenden Mönch aus dem 7. Jahrhundert, von dem es heißt, er habe Seeotter zur Hilfe gerufen, die seine Füße mit ihrem Atem wärmten und ihn mit ihrem Fell trockneten, als er nass aus dem Meer kam. Von der schönen jungen Frau, die zu Alexandre Dumas sagte, sie teile gern mit ihm das Bett, aber nur, wenn er ihr zuerst eine Manguste und einen Ameisenbären schenke. Von dem blinden Bauern aus Suriname, der ein junges Wasserschwein rettete und es zu seinem sehenden Helfer machte. Es stand im *Guinnessbuch der Rekorde:* Geführt von einer Art Riesenmeerschwein trat ein Mann mutig hinaus ins Dunkel der Welt und wurde nach Hause gebracht.

Es ist nicht überliefert, ob Dumas seinen Teil der Abmachung erfüllen konnte – aber es ist unwahrscheinlich. Die Manguste hätte man im Paris des 19. Jahrhunderts noch recht einfach auftreiben können, beim Ameisenbären jedoch standen die Chancen sehr viel schlechter. Gar nicht schwer zu begreifen ist allerdings, warum die junge Frau die elegante Ratten-Katze und das wurmzüngige Säugetier überhaupt haben wollte: Seit jeher verspüren wir ein großes Verlangen nach den anderen Lebewesen, mit denen wir die Welt teilen.

Dieses Buch ist außerdem eine lange Liste all der Mutmaßungen und Missverständnisse – der schillernden Irrtümer, auf denen unser akribisch gesammeltes Wissen fußt. Ein Beispiel: Weil wir Biber einst in der Annahme gejagt haben, ihre Hoden seien ein Aphrodisiakum, ein köstliches noch dazu, glaubten wir jahrhundertelang, das Tier beiße sich auf der Flucht die eigenen Genitalien ab, um seinen Verfolgern zuvorzukommen. »[Er] wirft sie ihnen so hin«, behauptet ein um das Jahr 200 n. Chr. entstandener Text aus dem alten Rom, »wie ein kluger Mann, der unter Räuber gefallen ist, das, was er bei sich führt, zu seiner Rettung niederlegt und dies als ein Lösegeld hingibt.« Daher fanden sich überall in den mittelalterlichen Bestiarien Bilder von grimmigen Bibern, die sich mit ihren Schneidezähnen selbst kastrierten. Auf ähnliche Weise führte die mittelalterliche Überzeugung, Strauße könnten Eisen verdauen, dazu, dass in arabischen und europäischen Handschriften immer wieder Zeichnungen dieses Vogels auftauchten, in denen er ein Hufeisen oder ein Schwert in seinem hungrigen Schnabel hält. Die Theorie wurde von dem großen Naturforscher al-Dschāhiz überprüft, der im 9. Jahrhundert im heutigen Irak lebte. Er berichtet, der Strauß verspeise bereitwillig glühende Metallstücke, habe sich beim Verschlingen einer Schere aber von innen aufgeschlitzt. Auch glaubten wir einst, Strauße wären in der Lage, ihre Eier allein dadurch auszubrüten, dass sie sie unbeirrbar und intensiv anstarren.

Diese alten Irrtümer sind so fantastisch wie fantasievoll und verraten viel über die Hoffnungen und Sorgen der Menschen: über unsere Ängste, unsere Sehnsucht nach einer gesünderen Verdauung und sexueller Leistungsfähigkeit, unsere Suche nach Zaubermitteln gegen unsere allzu menschlichen Probleme. Und es gibt keinen Grund zu der Annahme, dass wir heute nicht genauso viel falsch verstehen wie jede Generation bisher. Diese Erkenntnis sollten wir verinnerlichen, von ganzem Herzen. Unser Wissen, so immens es auch sein mag, erfasst nur einen unendlich kleinen Bruchteil des Lebens auf der Erde. Noch immer gibt es so viel zu erfahren über den Boden unter unseren Füßen und über das, was daraus entsteht. Doch unser Verlangen, den wilden Wesen der Welt nahezukommen, hat ihnen häufig wenig Gutes gebracht. Jedes Tier in diesem Buch gilt als gefährdet, oder es hat Verwandte, die gefährdet sind – weil es heute fast kein Geschöpf mehr gibt, für das dies nicht gilt. Vor allem der globale Westen hat zur Zerstörung der weltweiten Ökosysteme beigetragen; doch die Auswirkungen werden für die ganze Erde spürbar sein. Die Zeit wird knapp.

Dieses Buch übernimmt die Rolle eines Zirkusdirektors mit Zylinder, Peitsche und angemaltem Schnurrbart. Er selbst ist nicht sonderlich bemerkenswert, aber seine Aufgabe besteht darin, uns das Bemerkenswerte zu zeigen und zu sagen: Liebe Freunde, schaut, was es hier zu sehen gibt – schaut hin! Findet ihr nicht auch, es verdient Staunen und Liebe? Denn Liebe, mit Aufmerksamkeit verbunden, wird in den kommenden Jahren dringend gebraucht.

DER WOMBAT

Der Wombat«, schrieb Dante Gabriel Rossetti 1869, »ist ein Glück, ein Triumph, eine Freude, eine Verrücktheit!« Zu seinem Haus am Cheyne Walk Nummer 16 in Chelsea gehörte ein großer Garten, in dem der Maler, kurz nachdem er Witwer geworden war, wilde Tiere zu halten begann. Unter anderem erwarb er Wallabys, Kängurus, einen Waschbären und ein Zebu. Er spielte mit dem Gedanken, sich einen Afrikanischen Elefanten anzuschaffen, kam aber zu dem Schluss, der Preis von 400 Pfund sei unverhältnismäßig hoch. Er kaufte einen Tukan, dem er, wie man munkelte, beibrachte, auf einem Lama zu reiten. Doch was er über alles liebte, waren Wombats.

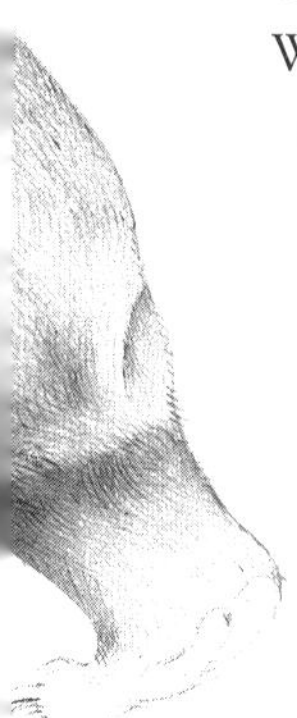

Er besaß zwei, einen namens Top, benannt nach William Morris, der aufgrund seines dichten Lockenkopfs den Spitznamen »Topsy« trug. Im September 1869 schrieb Rossetti in einem Brief, der Wombat habe es geschafft, John Ruskin bei einem scheinbar ununterbrechbaren Monolog zu unterbrechen, indem er seine Nase zwischen Weste und Jackett des Kunstkritikers geschoben habe. Rossetti zeichnete die Wombats mehrfach: Eine Skizze zeigt seine Geliebte – William Morris' Ehefrau

Jane –, wie sie einen an der Leine führt. Sowohl Jane als auch der Wombat wirken ungehalten. Beide tragen einen Heiligenschein.

Rossettis Zuneigung ist nicht schwer zu verstehen. Wombats haben eine trügerische Erscheinung; sie sind schneller, als sie aussehen, mutiger, als sie aussehen, und zäher, als sie aussehen. Sie haben ein niedliches Gesicht und eine rundliche Form. Die erste überlieferte Beschreibung eines Wombats stammt von dem Siedler John Price, der 1798 New South Wales besuchte. Price schrieb, es handele sich um »ein Tier von etwa zwanzig Zoll Höhe mit kurzen Beinen und einem dicken Körper mit einem breiten Kopf, runden Ohren und sehr kleinen Augen; es ist sehr feist und ähnelt in seiner Gestalt einem Dachs.« Seine Worte legen nahe, dass Price mit Dachsen wohl nur mäßig vertraut war. Tatsächlich sehen Wombats aus wie ein Zwischending aus einem Wasserschwein, einem Koala und einem Bärenjungen. Und wenngleich das Fell der meisten unauffällig braun ist, tragen manche Südlichen Haarnasenwombats eine genetische Mutation in sich, die ihnen eine goldene Farbe verleiht; das satte Blond von Marilyn Monroe.

Obwohl sie nicht gerade stromlinienförmig wirken, können rennende Wombats bis zu 40 Kilometer pro Stunde erreichen und dieses Tempo 90 Sekunden lang halten. Die schnellste dokumentierte Geschwindigkeit eines menschlichen Läufers erreichte Usain Bolt, als er beim Hundertmetersprint im Jahr 2009 auf 44,7 km/h kam, das aber nur für die Dauer von 1,61 Sekunden, was nahelegt, dass Wombats ihm locker davonlaufen könnten. Außerdem sind sie in der Lage, einen erwachsenen Mann zu Fall zu bringen und können mit ihrem Hinterteil angreifen; so zerquetschen sie Raubtiere mit dem knochenharten Knorpelgewebe ihres Rumpfs an der Wand ihrer Wohnhöhlen. Man hat in den Bauen der Tiere schon die zertrümmerten Schädel von Füchsen gefunden.

Wombatweibchen kümmern sich umsichtig und fürsorglich um ihre Jungen, die jedes Jahr im Frühling geboren werden. Wie bei allen Beuteltieren kommen die winzigen Embryonen nach nur dreißig Tagen im Mutterleib zur Welt und suchen dann für weitere acht Monate Zuflucht im Beutel der Mutter, wo sie sich weiterentwickeln. Wombats tragen ihren Beutel umgekehrt, sodass das Kleine zwischen den Hinterbeinen der Mutter hinausschaut, damit sie graben kann, ohne Schlamm hineinzuschaufeln. Das ist nicht nur eine außerordentliche evolutionäre Anpassung, es wirkt auch, als befände sich die Wombatmutter in einem achtmonatigen Dauerzustand der Niederkunft, was wiederum erklärt, warum sich der Autor von *Pu der Bär* doch für ein Känguru entschieden hat.

Für die frühen australischen Siedler waren Wombats eine Plage. Zwar ergänzte Wombatschinken, neben Kängurusteaks, ihre karge Ernährung, doch die Tiere galten in erster Linie als Gefahr für die Ernte und wurden massenweise abgeschlachtet. (Sie sind leicht aufzuspüren, denn ihr Kot hat eine nahezu perfekte Würfelform.) Ab 1906 galten Wombats im australischen Bundesstaat Victoria als Schädlinge, und 1925 wurde ein Kopfgeld ausgesetzt: Der Skalp eines Wombats brachte zehn Schilling. Diese Prämie war ein Ansporn für Jäger, und es kam vor, dass ein einzelner Grundbesitzer innerhalb eines Jahres eintausend Skalps eintauschte. Daher ist der Nacktnasenwombat heute nicht mehr sehr weit verbreitet. Durch Überweidung und die Zerstörung ihres natürlichen Lebensraums hat sich die Zahl der Tiere so stark verringert, dass inzwischen alle Wombatarten unter Schutz stehen. Besonders der Nördliche Haarnasenwombat ist vom Aussterben bedroht. Er hat ein geschmeidigeres, weicheres Fell als der Nacktnasenwombat und sieht schlecht, weshalb er sich in der Nacht von seiner seidig zarten Nase zu seiner Nahrung führen lässt. Da sein Lebensraum immer weiter beschnitten wird, ist er heute eines der seltensten Landtiere der Welt. Laut einer Zählung lebten 1982 noch dreißig Exemplare, und nach jüngsten Ergebnissen konnten 251 Tiere der fahrlässigen Naturzerstörung des Menschen entkommen.

Andere Wombats wiederum sind unmittelbar durch menschliche Hand gestorben. Im Jahr 1803 kehrte der berühmte Entdecker Nicolas Baudin von einer Reise nach Neuholland (das heutige Australien) mit einer wahren Arche voller Tiere für Napoleons Frau Joséphine zurück. Es war eine harte Fahrt mit zahlreichen Todesfällen bei Mannschaft und Fracht: Mehr als die Hälfte der Besatzung musste aufgrund von Krankheiten von Bord gehen, zehn Kängurus starben an Unterkühlung, und die Kabine des Botanikers wurde kurzerhand umfunktioniert, um unter Deck Platz für die übrig gebliebenen Tiere zu schaffen. Die kranken Emus bekamen Zucker und Wein und wurden kränker, Baudin selbst spuckte Blut. Zwei Wombats starben, aber ein weiterer konnte Kaiserin Joséphine überreicht werden.

Oft haben Wombats uns Menschen Trost gespendet, wo sonst nur wenig Trost zu finden war. Nach dem Zweiten

Weltkrieg besuchte der Philosoph Theodor Adorno regelmäßig den Zoologischen Garten in Frankfurt. 1965 schrieb er dem Direktor: »Wäre es nicht schön, wenn der Frankfurter Zoo ein Wombat-Pärchen erwerben könnte? Ich kann mich an diese freundlichen und rundlichen Tiere mit viel Identifikation aus meiner Kindheit erinnern und wäre sehr froh, wenn ich sie wiedersehen dürfte.«

Doch geliebt zu werden reicht oft nicht aus. Auch Rossettis Wombats ging es in Gefangenschaft nicht gut. Seine letzte Wombat-Zeichnung zeigt ihn selbst: Ein Taschentuch vor dem Gesicht, beweint er einen toten Wombat. Darunter setzte er diesen traurigen Vierzeiler:

Nie zog ich einen Wombat groß
Mit winz'gem Aug, hübsch anzuseh'n
Doch kaum war er schön fett, famos
Und schwanzlos, musst' er von uns geh'n!

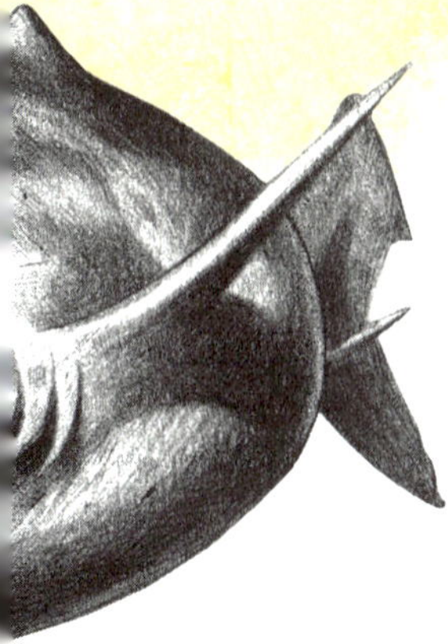

DER GRÖNLANDHAI

Im Jahr 1606 wurde London von einer verheerenden Pestwelle heimgesucht. Die Sterbenden und ihre Familien wurden in ihre mit Brettern verschlagenen Häuser gesperrt und die Theater, Bärenarenen und Bordelle per Erlass geschlossen. Genau in dieser Zeit schrieb Shakespeare eine der wenigen Stellen seines Werks, die sich auf die Pest beziehen, ein Verweis auf unser prekäres Dasein:

Beim Grabgeläut
Fragt kaum noch einer, wer? – und manches Leben
Manch braves Leben welkt vor'm Strauß am Hut,
Krepiert, bevor's erkrankt.

Als er diese Worte schrieb, schwamm ein Grönlandhai unbeeindruckt durch die Meere des Nordens, ein Hai, der heute noch lebt. Er war damals vielleicht hundert Jahre alt und hatte somit noch nicht einmal die Geschlechtsreife erreicht: Seine Eltern waren wohl alt genug, dass sie bereits zu Boccaccios Zeiten auf der Welt waren und seine Ururgroßeltern wiederum zu Zeiten Julius Cäsars. Seit Tausenden von Jahren schwimmen Grönlandhaie in den stillen Tiefen dahin, während oben an Land die Welt in Flammen steht, neu errichtet wird, erneut brennt.

Der Grönlandhai ist das langlebigste Wirbeltier der Welt, doch erst seit Kurzem können Wissenschaftler sein ungefähres Alter bestimmen. Der dänische Arzt Jan Heinemeier hat eine Methode entwickelt, mit der sich der Kohlenstoff-14-Gehalt bestimmter kristalliner Proteine in der Augenlinse feststellen lässt. Die Konzentration des natürlichen radioaktiven Isotops Kohlenstoff-14 (C-14) ändert sich von Jahr zu Jahr. Die weitesten Ausschläge nach oben zeigt die Kurve in den 1960er-Jahren, als die Menschheit sich ganz besonders für Nuklearwaffen begeisterte, aber letztlich hat jede Epoche ihre eigene C-14-Signatur. Indem man die Proteinkristalle in den Augen der Haie untersuchte, ließ sich – recht grob – ihre bisherige Lebenszeit bestimmen: Das größte der achtundzwanzig getesteten Tiere, ein fünf Meter langes Weibchen, wurde auf ein Alter zwischen 272 und 512 Jahre geschätzt. Die Größe der Tiere gilt als ein relativ guter Indikator für ihr Alter, und da manche Grönlandhaie nachweislich sieben Meter Länge erreichen, existieren heute sehr wahrscheinlich Exemplare, die bereits ihr sechstes Jahrhundert bestreiten.

Der Grönlandhai ist keine offenkundige Schönheit. Er hat ein plumpes Gesicht, verkümmerte Flossen, und auf seinen Augen sitzen lange, wurmartige Krebstiere namens *Ommatokoita elongata*. Sie heften sich an die Hornhaut und flattern wie Luftschlangen in der Strömung, was den Hai nicht nur fast erblinden, sondern auch so abstoßend wirken lässt, dass es an Ungerechtigkeit grenzt. Und er stinkt. Die Harnstoffkonzentration seines Körpers ist so hoch, dass sein Salzgehalt dem des Meeres entspricht, was verhindert, dass durch Osmose Wasser abgegeben oder aufgenommen wird. Diese Notwendigkeit bewirkt aber auch, dass er nach Urin stinkt – und das so intensiv, dass eine Legende der Inuit besagt, er sei dem Nachttopf der Meeresgöttin Sedna entsprungen. Der Harnstoff bedeutet außerdem, dass der Verzehr von frischem Haifleisch für Menschen schädlich ist. Roh und unbehandelt enthält es Giftstoffe, die einen, wie man in Norwegen sagt, »Hai-trunken« machen: Es erzeugt Schwindel, man taumelt, lallt, übergibt sich. Genießbar wird es erst, wenn man das Fleisch mehrere Monate fermentieren lässt, zum Beispiel indem man es eingräbt, und dann weitere Monate zum Trocknen aufhängt. Bekannt unter dem Namen Hákarl wird es in kleinen Würfeln serviert, die einige – wenige – als Delikatesse empfinden, andere jedoch als Scheußlichkeit. Es schmeckt anscheinend wie sehr reifer Käse, der im Hochsommer eine Woche lang im Auto eines Teenagers liegengeblieben ist.

Der Grönlandhai ist langsam, wie es einem so ehrwürdigen Veteranen geziemt. Mit großer Anstrengung erreicht er eine Höchstgeschwindigkeit von 2,75 bis 3,5 km/h. Er ist zwar eines der größten fleischfressenden Meerestiere, hat aber einen erstaunlich langsamen Stoffwechsel. Zum Überleben reicht einem 200 Kilo schweren Hai das Kalorienäquivalent von anderthalb Schokokeksen am Tag. Im Mutterleib ist er hungriger als im späteren Leben: Dem kräftigsten Fötus wachsen scharfe Zähne, dann frisst er seine Geschwister und gleitet schließlich allein hinaus ins Wasser. Nach der Geburt sind die Haie Jäger und Aasfresser. Lange vermutete man, dass sie Seehunde jagen, zum Beispiel indem sie sich die schlafenden, an der Wasseroberfläche treibenden Tiere schnappen, doch sie fressen wohl alles, was vom Eis ins Wasser fällt: Rentiere, Eisbären. Im Magen eines Hais wurde das Bein eines Menschen gefunden, jedoch nicht der Rest von ihm. Sogar das Sterben ist bei diesem Hai ein langsamer Prozess. Der Schiffsarzt Henry Dewhurst beschrieb 1834 den Fang und die Tötung eines Hais:

> *Wird er auf Deck gehoben, schlägt er so ungestüm mit dem Schwanz, dass es gefährlich ist, sich in seiner Nähe aufzuhalten, und die Seeleute töten ihn meist sofort. Noch einige Zeit nachdem das Leben aus dem Tier gewichen ist, zeigen die abgetrennten Stücke Kontraktionen der Muskelfasern. Er kann daher nur unter großen Schwierigkeiten getötet werden, und die Hand in sein Maul zu legen ist selbst dann noch gefährlich, wenn der Kopf bereits abgetrennt wurde. […] Solche Bewegungen sind noch nach drei Tagen zu beobachten, wenn jemand gegen den Körper tritt oder schlägt.*

Ihr Leben spielt sich in großer Tiefe und im Verborgenen ab. Sie wurden durchaus bereits an der Wasseroberfläche gesehen, lieber aber bleiben sie am Meeresgrund, wo es dunkel und kalt ist: Sogar 2200 Meter unter den Wellen hat man sie schon gesichtet – sechs Eiffeltürme tief. Niemand hat je ein Weibchen gebären sehen, und nie haben wir bezeugen können, wie sie sich paaren. Weil sie für uns so unsichtbar bleiben, wissen wir nicht, wie stark gefährdet sie sind: Derzeit gelten sie als »potenziell gefährdet«, aber sie könnten genauso gut die am weitesten verbreiteten Haie der Welt sein oder hochgradig bedroht. Sicher ist, dass ihre Bestände eine Zeit lang stark überfischt wurden, um Öl zu gewinnen – im 20. Jahrhundert mit 30000 Exemplaren pro Jahr. Angeblich standen auf manchen norwegischen Inseln Häuser, die fünfzig Jahre zuvor mit Farbe aus dem Leberöl der Haie gestrichen worden waren und immer noch glänzten: ein Lack wie kein anderer. Wir wissen auch, dass ein Weibchen erst 150 Jahre alt werden muss, um sich fortpflanzen zu können, weshalb sich die Bestände nur langsam erholen. Einst glaubte man auch, sie wären hervorragende Eltern. Der griechische Dichter Oppian aus dem 2. Jahrhundert behauptete, die Haimutter würde bei Gefahr ihr riesiges Maul öffnen, um ihren Nachwuchs darin zu verstecken. Da dies anscheinend – leider – nicht stimmt, müssen stattdessen wir auf sie aufpassen.

Weil sie weit entfernt von unseren Schiffen und Tauchern leben, wissen wir nicht, wo sie schwimmen. Nur dort, wo es kalt genug für sie ist, kommen sie an die Oberfläche, in der Arktis, rings um Grönland und Island. Doch in großen Tiefen wurden sie auch schon nahe Frankreich, Portugal oder Schottland gefunden. Wissenschaftlern zufolge sind sie womöglich überall, wo der Ozean ausreichend weit hinabreicht und kalt genug ist: Vielleicht sind sie uns viel näher, als wir glauben.

Ich bin froh, dass ich kein Grönlandhai bin. Meine Gedanken könnten keine fünfhundert Jahre füllen. Aber dass sie unter uns sind, gibt mir Hoffnung. Sie werden hier sein, egal welches schwindelerregendes Chaos wir gerade durchmachen, welcher große Knall darauf folgt, und was danach kommen mag, von dem wir uns heute noch kein Bild machen können: Veränderungen, neue Erkenntnisse, womöglich neugewonnene Freiheiten. Darin liegt ihre atemberaubende Schönheit: Sie bleiben. Von allem, was dieser Planet zu bieten hat, kommen diese trägen, halbblinden Wesen mit ihrem strengen Geruch der Ewigkeit vielleicht am nächsten.

DIE GIRAFFE

Der römische Dichter Horaz hatte entschieden etwas gegen Giraffen. Sie seien ihrer Idee nach nicht stimmig, »ein Zwitter aus Kamel und Leopard«. Dieser »Camelopard« zöge zwar die Blicke auf sich, sei aber ein einziges Durcheinander. In *Ars Poetica,* seinem Werk über die Dichtkunst, schrieb er: »... ein menschlich Haupt auf dem Hals eines Rosses! / Also verlangt es die Laune des Malers. [Oder] oben ein reizendes Mädchen, wird's unten ein schwimmendes Scheusal. / Könntet ihr, Freunde, bei solchem Anblick das Lachen verbeißen?« Als Julius Cäsar im Jahr 46 v. Chr. eine Giraffe aus Alexandria mit nach Rom brachte (ein Geschenk von Kleopatra, wie manche sagten), sahen die Menschen am Straßenrand, wie schon Horaz, ein aus zwei Teilen zusammengesetztes Geschöpf. Cassius Dio berichtet davon in seiner *Historia Romana:* »In all seinen sonstigen Teilen gleicht dieses Tier einem Kamel, nur sind seine Beine nicht alle von der gleichen Länge, vielmehr die Hinterbeine kürzer. [...] Und indem es sich gewaltig emporreckt [...] hebt [es] den Nacken wiederum zu ungewöhnlicher Höhe. Was sein Fell betrifft, ist es wie ein Leopard gesprenkelt [...].« Aber die Menge erfreute sich an dem abenteuerlich zusammengesetzten Wesen.

Immer wieder haben wir zu erklären versucht – mit

mehr Fantasie als Fakten –, wie etwas so herrlich Hybrides entstanden sein mag. Der persische Geograf Ibn al-Faqih schrieb im Jahr 903, eine Giraffe entstehe, »wenn sich der Panther mit der Kamelstute paart«. Zakariyā al-Qazwīnī, ein Kosmograf aus dem 13. Jahrhundert, erläuterte in seinem Werk *Die Wunder des Himmels und der Erde* (zu welchen auch ein Hase mit einem Horn auf der Stirn zählt), dass eine Giraffe das Ergebnis einer zweifach unwahrscheinlichen Verkettung sei: »... und zwar ist es so, dass in Abessinien das Hyänenmännchen die Kamelin bespringt, und dann bringt sie ein Junges zur Welt [...]. Wenn nun das Junge dieser Kamelin ein Männchen ist, und es sich mit der Antilope vereinigt, dann bringt diese die Giraffe zur Welt.« Beide Möglichkeiten klingen zu anstrengend für einen evolutionsbiologischen Vorgang. Andere erklärten, es sei Zauberei am Werk: In der Zeit der frühen Ming-Dynastie brachte der Entdecker Zheng He zwei Giraffen nach Nanjing und nannte sie achtungsvoll *qilin:* freundliche Chimären mit Hufen. Alexander Ross, Kaplan von König Charles I., schrieb 1651 in seinen *Arcana Microcosmi,* die bloße Existenz der Giraffe mache es Naturforschern unmöglich, »die von alters her überlieferte Lehre über Greife zu widerlegen [...] erkennt man doch in der Natur, dass solch ein zusammengesetztes Tier durchaus möglich ist. Denn die Gyraffa oder Camelopardalis ist eine noch seltsamere Vermischung, zusammengefügt aus dem Leoparden, dem Büffel, dem Hirsch und dem Kamel.«

Ross hatte recht: Die Wahrheit über die Giraffe ist fabelhafter und überzeugender als jede Fiktion. Giraffen werden zwar ganz ohne Zutun von Kamel oder Hyäne geboren, doch ihre Geburt gleicht einem Wunder: Nach fünfzehn Monaten Tragezeit fallen sie aus 1,50 Meter Höhe aus dem Mutterleib auf die Welt. Ähnlich flink und einfach, wie man eine Handtasche ausleert. Innerhalb weniger Minuten stehen sie auf ihren wackligen Topmodelbeinen und saugen an einer der vier Zitzen ihrer Mutter, nicht ohne zuvor die kleinen Wachskappen abzubeißen, die sich dort in den letzten Tagen gebildet haben, damit die Milch nicht ausläuft. Schon bald können sie rennen, stolpern aber oft noch über ihre eigenen Hinterbeine, eine Herausforderung, die sie ihr Leben lang nie ganz meistern werden.

Wenn sie ausgewachsen sind, erreichen sie im Galopp auf tellergroßen Füßen 60 Kilometer pro Stunde, doch das ist nicht zu empfehlen – die Beine verheddern sich leicht. Ihre Zunge, die zum Schutz vor der Sonne dunkelblau-violett und zudem kräftiger ist als die jedes anderen Huftiers, misst 50 Zentimeter. Mit ihrer Spitze können sie ihre schleimigen Nüstern reinigen. Und sie sind die unangefochtenen Wolkenkratzer unter den Säugetieren: Das höchste gemessene Exemplar, ein Massai-Giraffen-Bulle, erreichte 5,90 Meter. Der Entdecker John Mandeville übertrieb also nur leicht, als er 1356 in der ersten englischsprachigen Darstellung der Giraffe schrieb, der Hals des *gerfauntz* sei »zwanzig Ellen lang [etwa neun Meter]. [...] Über ein großes Haus vermag er hinweg zu schauen«. (Allerdings ist »Mandeville« das Pseudonym eines unbekannten Verfassers und der laxe Umgang mit dem Maßband somit nicht verwunderlich.) Doch obwohl sie so groß sind, zeigen sie sich gastfreundlich gegenüber kleinen Wesen. Sie sind bekannt dafür, dass sie Gelbschnabel-Madenhackern ein Zuhause bieten: Die kleinen Vögel entfernen Zecken aus ihrem Fell und Essensreste aus den Zwischenräumen der Zähne. Es wurden Giraffen bei Nacht fotografiert, die unter ihren Achseln Scharen von schlafenden Vögeln Schutz vor dem Regen boten.

In Atlanta, Georgia, ist es Ihnen verboten, Ihre Giraffe an einer Straßenlaterne anzubinden. Nicht verboten ist es hingegen, ein aus dem Kopf einer frischgeschossenen Giraffe gefertigtes Kissen – einschließlich intakter Wimpern – zu importieren. Die USA sind einer der weltweit größten Märkte für Teile von Giraffenkörpern, weil man sich dort weigert, die Tiere als gefährdet einzustufen, und das, obwohl es nur noch um die 110 000 wild lebende Giraffen gibt. Das entspricht einem Rückgang um 40 Prozent in den letzten dreißig Jahren. Im Zeitraum von zehn Jahren haben US-amerikanische Jäger 3744 tote Giraffen eingeführt – das sind etwa vier Prozent der noch lebenden Tiere. Falls Ihnen danach wäre, die etwaigen apokalyptischen Neigungen Ihrer Persönlichkeit auszuleben, könnten Sie heute sowohl einen bodenlangen Giraffenmantel als auch eine in Giraffenfell gebundene Bibel erwerben. Die selteneren Unterarten stehen kurz vor dem Verschwinden: Die Population der Nubischen Giraffe ist in den letzten vier Jahrzehnten um 98 Prozent zurückgegangen, und in der Natur wird sie bald ausgestorben sein. Ihre Schönheit wird den Tieren zur Gefahr. Ein Beweis für wahren Reichtum sei, schrieb der große Naturforscher Plinius, »dass man etwas besitzt, was augenblicklich ganz und gar zu Grunde gehen kann!«

Wir wissen nicht, warum die Giraffe so aussieht, wie sie aussieht. Als Erklärung für ihren langen Hals galt bis vor einiger Zeit Darwins Hypothese der »konkurrierenden

Laubfresser«, die besagt, dass der Wettbewerb mit anderen Laub fressenden Tieren wie Impala und Kudu zu einer allmählichen Verlängerung des Halses geführt habe, weil die Giraffe, so weit so logisch, damit Nahrung erreichte, an die andere nicht herankamen. Vor Kurzem jedoch konnte gezeigt werden, dass Giraffen nur relativ selten in ihrer maximal erreichbaren Höhe fressen und dass Artgenossen mit längerem Hals bei Nahrungsknappheit leichter verhungern. Womöglich verleiht der lange Hals ihnen einen Vorteil beim sogenannten Necking – wenn Männchen ihre Hälse zum Kräftemessen gegeneinanderschlagen. (Obwohl es bei dieser Aktivität sicherlich noch andere Gründe zu entdecken gibt, denn es folgt daraufhin oft ein sexueller Akt zwischen den kämpfenden Männchen. Tatsächlich ist der häufigste Sex unter Giraffen homosexueller Natur: In einer bestimmten Studie machte das gegenseitige Aufspringen unter Männchen 94 Prozent des dokumentierten Sexualverhaltens aus.) Welchen Nutzen der lange Hals auch haben mag, er hat auch seinen Preis. Immer wenn sich eine Giraffe mit gespreizten Beinen hinunterbeugt, um zu trinken, schießt ihr viel Blut in den Kopf. Dort wird es in besonderen Gefäßen gespeichert und versorgt beim Aufrichten das Gehirn mit Sauerstoff, damit sie nicht in Ohnmacht fällt. Außerdem verschließen sich beim Vorbeugen die Halsvenen, sodass kein sauerstoffarmes Blut zurück zum Gehirn fließt. Selbst wenn Wasser im Überfluss vorhanden ist, trinken die Tiere nur alle paar Tage. Das Leben als Giraffe ist eine schwindelerregende Angelegenheit.

Sie haben etwas an sich, das uns vor Begeisterung aus der Fassung bringt. 1827 betrat eine Giraffe Paris. Sie war zwar nicht die erste in Europa – Lorenzo de' Medici hatte 1487 eine Artgenossin durch ganz Italien nach Florenz gebracht, wo sich die Menschen gefährlich weit aus den Fenstern lehnten, um sie zu füttern –, aber sie war die am besten gekleidete. Sie trug ein speziell angefertigtes Regen-Ensemble verziert mit bourbonischen Lilien und war ein Geschenk des ägyptischen Herrschers Muhammad Ali für Charles X. Mehr als zwei Jahre lang war sie von Sennar aus auf Reisen gewesen, zuerst mit dem Schiff und dann zu Fuß, bis sie im Hochsommer in Paris eintraf. Dort beugte sie den Hals, um Rosenblätter aus der Hand des Königs zu fressen. Sie wurde *la Belle Africaine* (die Schöne aus Afrika) genannt, *le bel animal du roi* (das schöne Tier des Königs) oder meistens einfach *la girafe:* Wie Gott und den König gab es sie nur einmal. Untergebracht wurde sie in der königlichen Menagerie, in einem Gehege mit poliertem Parkett (»wahrlich das Boudoir einer kleinen Dame«, schrieb ihr Pfleger). Die Menschen von Paris standen zu Tausenden Schlange, um sie zu sehen, und gerieten regelrecht in einen Giraffenwahn. In den Geschäften stapelten sich Giraffenporzellan, Giraffenseife, Giraffentapeten, Giraffenhalstücher, Damenkleider im Giraffenmuster; die Farben des Jahres trugen Namen wie »Giraffenbauch«, »Verliebte Giraffe« oder »Giraffe im Exil«. In dieser Saison trug Paris das Haar senkrecht. Frauen schmierten sich Schweineschmalzpomade mit Orangenblüten- oder Jasminduft ins Haar und formten es so, dass es an die Hornzapfen der Giraffe erinnerte. Es wird von Damen berichtet, die in der Kutsche auf dem Boden sitzen mussten, so sehr ragten ihre Frisuren *à la girafe* in die Höhe.

Aber irgendwann haben wir uns an allem satt gesehen, sogar an Wundern. Charles X. dankte ab, sein Sohn regierte ganze zwanzig Minuten lang, und *la girafe* überdauerte ihren Ruhm. Vernachlässigt starb sie im Jahr 1845, wurde ausgestopft und im Foyer des Pariser Botanischen Gartens aufgestellt. Der Maler Eugène Delacroix ging den toten Körper anschauen: Die Giraffe, schrieb er, »starb in einer Abgeschiedenheit, die so vollkommen war wie ihr strahlendes Erscheinen in der Welt«. Doch die verrückte Reaktion der Pariser war, wie mir scheint, die einzig vernünftige. Sie hätte nie abflauen dürfen: Wir sollten bis heute 30 Zentimeter hohe Turmfrisuren tragen! Warum haben wir je damit aufgehört? Die Erde ist so herrlich und voller unwahrscheinlicher Wunder: Die Giraffe, seltsamer als der Greif, höher als ein Haus, macht uns das unvergleichliche Geschenk, der lebende Beweis dafür zu sein.

DER MAUERSEGLER

Kein anderer Vogel ist so für die Luft geschaffen wie der Mauersegler. Er wiegt weniger als ein Hühnerei, hat Flügel wie Sensen, einen gegabelten Schwanz und frisst und schläft im Flug. Material für ihr Nest sammeln die Vögel ausschließlich beim Fliegen, weshalb man zwischen den Blättern und Zweigen manchmal noch flatternde Schmetterlinge findet. Als einzige Vögel paaren Mauersegler sich bei einem kurzen Zusammentreffen in der Luft, und um sich zu waschen, suchen sie sich Wolken und fliegen durch einen sanften Schauer, langsam, mit ausgestreckten Flügeln.

Doch das Eindrucksvollste überhaupt ist ihr Schlaf. Mauersegler können in einen Halbhirnschlaf fallen: Sie schalten eine Hälfte des Gehirns ab, während die andere aktiv bleibt und auf Veränderungen des Winds achtet, sodass die Vögel genau dort wieder aufwachen, wo sie eingeschlafen sind, oder, falls sie sich auf Wanderschaft befinden, ihren Kurs halten. Zuerst wird die linke Seite abgeschaltet, später die rechte, wodurch der Vogel beim Schlafen leicht

in der Luft schwankt. Geoffrey Chaucer wusste das schon lange vor uns. In seinen *Canterbury-Erzählungen* schrieb er von kleinen Vögeln, »die offnen Augs die ganze Nacht verbringen«. Und während des Ersten Weltkriegs sah ein französischer Pilot bei einem Aufklärungsflug im Vollmondlicht nahe den Vogesen eine gespenstische Vogelwolke, die offenbar völlig still in der Luft schwebte:

Als wir auf etwa 3000 Metern waren [...] befanden wir uns mit einem Mal inmitten eines seltsamen Schwarms Vögel, die ganz reglos schienen oder zumindest keine wahrnehmbaren Reaktionen zeigten.

Sie waren weit verstreut und ausschließlich wenige Meter unter dem Flugzeug zu erkennen, als wir ein weißes Wolkenmeer überflogen, vor dem sie sich abzeichneten. Über uns sahen wir keine, aber wir waren eindeutig mitten im Schwarm.

Niemand nahm ihm seine Geschichte ab: Sie schien unglaublich, denn Mauersegler sind in der Tat unglaublich.

Der Mauersegler gehört zur Familie der *Apodidae,* abgeleitet von dem griechischen *ápous, »fußlos«,* weil man lange glaubte, diese Vögel hätten keine Beine. Noch immer wissen wir sehr wenig über sie, weil sie so schwer zu fangen und zu erforschen sind, aber wir wissen zumindest, dass sie Beine haben, wenn auch sehr winzige, schwache. Ausgewachsene Mauersegler können laufen, wenn sie unbedingt müssen, Jungvögel aber nicht, und wenn alles gut geht, ist das auch nicht nötig. Sie lassen sich aus dem Nest fallen und fliegen sofort nach Afrika, manche landen die nächsten zehn Monate nicht, manche auch zwei oder vier Jahre, und einige hören nie auf zu fliegen. Wir wissen, dass die Jungvögel im Nest zur Vorbereitung auf ihren großen Flug im Alter von einem Monat anfangen, ihre Flügel zu kräftigen – durch Liegestütze auf Federspitzen. Sie stemmen ihren Körper hoch, indem sie sich links und rechts abstützen, bis sie diese Schwebe für einige Sekunden halten können. Dann sind sie bereit.

Wir sind uns noch immer nicht sicher, wie sie so genau wissen, wohin sie fliegen müssen. Wir wissen aber, dass sie schnell sind. Im horizontalen Flug sind sie die schnellsten Vögel der Welt (der Wanderfalke besiegt sie im Sturzflug, aber auf gerader Strecke fliegen sie ihm davon). Ihre offiziell gemessene Höchstgeschwindigkeit beträgt 111,6 km/h, aber von dem in Asien und Australien vorkommenden Stachelschwanzsegler wird berichtet, dass er bis zu 170 km/h erreiche. Pro Jahr legen Mauersegler etwa 200 000 Kilometer zurück. Der Erdumfang am Äquator beträgt 40 075 Kilometer. Ein Mauersegler fliegt also im Jahr so weit, dass er fünfmal die Erde umrunden könnte. Allein der Gedanke daran raubt einem den Atem, jedoch: Einen Mauersegler außer Atem habe ich noch nie gesehen.

Diese himmelhohe Ausdauer – und ihr rauer, suchender Schrei – fasziniert uns schon lange. In der Heraldik ist der Mauersegler eines der Vorbilder für das erfundene Wappentier »Martlet«, ein stilisierter Vogel ohne Füße. Unfähig zu landen, steht er für Rastlosigkeit und Zielstrebigkeit – für die stete Suche nach Wissen, Abenteuer und Bildung. Er war das heraldische Symbol des vierten Sohnes, da der älteste derjenige war, der das Geld bekam, der Zweit- und der Drittgeborene in den Kirchendienst gingen und der Vierte die Freiheit hatte, sein Glück zu suchen. Edward der Bekenner, ein so hochmoralischer König, dass er praktisch über dem Thron schwebte, wurde auf seinem Wappen – posthum – mit fünf Martlets bedacht: in Gold, entsprechend der Sonne, der sie entgegenflogen.

Die Familie der *Apodidae* ist uralt. Bereits vor rund 70 Millionen Jahren zweigte sie im evolutionären Stammbaum von den anderen Vogelarten ab, sodass die Segler alt genug sind, noch dem Tyrannosaurus begegnet zu sein. Im Laufe der Evolution haben sie tiefliegende Augen mit einem Federschild entwickelt, der gegen das grelle Licht des Äquator wie eine Sonnenbrille wirkt. Zu den Seglern zählen über hundert Arten, von der winzigen, nur neun Zentimeter langen Zwergsalangane, die nur auf den Philippinen lebt, bis zum riesigen Weißnackensegler mit seinen 25 Zentimetern Flügelspannweite, der schweigt, wenn er allein ist, im Schwarm aber fast pausenlos ruft: *crii, crii, crii.*

Wenn Sie einen Vogel auf einer Stromleitung oder einem Baum sitzen sehen, ist es kein Segler. Sie hocken weder gesellig singend auf Fensterbänken noch auf dem Finger von Disney-Prinzessinnen, sondern fliegen wie die Wilden, jagen durch die Luft wie pures Glück in Vogelgestalt. Doch wie die meisten Lebewesen könnten sie sich ohne uns weitaus glücklicher schätzen. Als einziger in Großbritannien heimischer Segler ist der Mauersegler, *Apus apus,* der zur Paarungszeit dort eintrifft, noch nicht vom Aussterben bedroht, doch in den letzten zwei Jahrzehnten ist die Zahl der Brutpaare um die Hälfte zurückgegangen. *Apus apus* geht lebenslange Partnerschaften ein und kehrt jedes Jahr aus Afrika an denselben Ort zurück, um dort zu nisten, meist unter Dachziegeln oder den Dachvorsprüngen alter Häuser und Scheunen. Weil wir alte Häuser abreißen oder dämmen, finden die Mauersegler keinen sicheren Ort mehr, an dem sie ihre Eier legen können, ehe die Brutzeit vorüber ist. Außerdem leiden sie unter dem flächendeckenden, industriellen Einsatz von Pestiziden und dem Klimawandel, zwei Faktoren, die sich auf die Insektenpopulation auswirken. Mauersegler können nur das fressen, was fliegt, und wenn sie Junge haben, müssen sie pro Tag 100 000 Insekten fangen, von denen sie jeweils etwa 1000 Stück in ihrem Kropf sammeln. Hinzu kommt unser berüchtigtes fatales Verlangen, unser Drang, es uns auf Kosten anderer gutgehen zu lassen: Zur Zubereitung der sogenannten Schwalbennester-suppe, die angeblich die Haut reinigt und den Körper verjüngt, werden die Nester der stark gefährdeten Salanganen in riesigen Mengen geerntet. Der Schrei der Segler könnte heutzutage also mit Fug und Recht als Warnruf verstanden werden oder als strenge, zornige Beschimpfung.

In den 1970er-Jahren hat Ted Hughes den Mauerseglern ein Liebesgedicht gewidmet. Es versucht, ihre Herrlichkeit zu fassen, ihre rasende, hochfliegende Kühnheit, wenngleich es sich heute ein bisschen anders liest:

Sie haben es wieder geschafft,
Das heißt, der Erdball funktioniert noch,
die Schöpfung
Erwacht mit frischen Kräften, unser Sommer
Liegt noch ganz und gar vor uns –

DER LEMUR

Wahrscheinlich sollte man sich das Tierreich nicht unüberlegt zum Vorbild nehmen – obwohl Lemuren hier, glaube ich, eine Ausnahme bilden. Sie leben in matriarchalen Gruppen, angeführt von einem Alphaweibchen. Wenn Kattas – die bekannteste auf Madagaskar lebende Lemurenart mit gestreiftem Schwanz – frieren oder Angst haben, oder wenn sie ihren Zusammenhalt stärken wollen, schmiegen sie sich aneinander und werden zu einem kuschelig-weichen Haufen so groß wie ein Fußball oder auch ein Fahrradreifen, zu einer Art Lemurenkugel. Dabei verschränken sie Schwänze und Pfoten und drücken ihre walnussgroßen, rege schlagenden Herzen aneinander. Das zu sehen wirkt wie eine Art Aufforderung: selbst so etwas wie eine Lemurenkugel ins Leben zu rufen.

Der erste Lemur, dem ich begegnet bin, war ein Weibchen, das versuchte, mich zu beißen, was verständlich war, da ich versucht hatte, es anzufassen, und Menschen sich Lemuren gegenüber nun mal nicht gerade vorbildlich verhalten haben. Sie war ein Indri, lebte in einem Wildschutzgebiet außerhalb von Antananarivo, der Hauptstadt von Madagaskar, und hatte ein Junges, das sich nicht wie ein Babyaffe vorne an sie klammerte, sondern auf ihrem Rücken ritt, wie ein kleiner Jockey. Sie hatte große gelbe Augen.

William Burroughs schrieb in seiner ökosurrealistischen Novelle *Ghost of Chance,* in der Lemuren eine zentrale Rolle spielen, ihre Augen würden »mit dem sich wandelnden Licht die Farbe ändern: obsidian-, smaragd-, rubin-, opal-, amethyst-, diamantfarben«. Der eindringliche Blick dieses Indris erinnerte eher an den eines Clubgängers auf bewusstseinserweiternden Substanzen, der einem unbe-

dingt alles über seinen Glauben erzählen will, aber ihr Fell war das Weichste, was ich je berührt habe. Ich war noch ein Kind, und da der Indri die größte noch lebende Lemurenart ist, reichte sie mir auf den Hinterbeinen stehend bis zum Brustkorb. Wie alle Lemuren erinnerte sie an eine Kreuzung aus Affe, Katze, Ratte und Mensch.

Lemuren sind auf die gleiche Art seltsam, wie es zurückgezogen lebende oder wohlhabende Menschen sind: Da sie sich ungestört auf der Insel Madagaskar entwickeln konnten, pflegen sie eigentümliche Verhaltensweisen. Katta-Männchen haben Duftdrüsen an den Handgelenken und liefern sich Stinkkämpfe. Dabei stehen sie in etwa einen halben Meter auseinander und reiben die Handgelenke an ihrem Schwanz, den sie dann vor der Nase ihres Gegners hin und her schwenken, während sie einander unablässig anstarren, bis einer der beiden sich zurückzieht. Das ist auch nicht viel verrückter als die meisten heutigen Formen der Diplomatie. Es ist nicht ungewöhnlich, dass ein Katta-Weibchen einem Männchen eine Ohrfeige verpasst, wenn es zu aggressiv wird.

Auf Madagaskar leben mindestens 101 Lemurenarten und -unterarten. Früher gab es Lemuren, die die Größe eines kleinen Mannes erreichten, aber nachdem vor rund 2000 Jahren der Mensch die Insel betreten hatte, wurden die größeren bis zum Aussterben gejagt. Das untere Ende des Größenspektrums bildet Madame Berthes Mausmaki, die kleinste Primatenart der Welt, der im Durchschnitt 30 Gramm wiegt und ausgestreckt noch nicht einmal eine Handlänge misst. Irgendwo in der Mitte befindet sich der Nördliche Riesenmausmaki, dessen Hoden 5,5 Prozent seiner Körpermasse ausmachen. Bei gleichen Proportionen hätte ein Mann Testikel von der Größe einer Grapefruit. Lemuren sind also seltsam und wunderschön und – von unten betrachtet – gelegentlich beunruhigend.

Das Indriweibchen, das versuchte, mich zu beißen, hatte recht; sie wusste nicht, wie recht sie damit hatte. Die ersten Menschen auf Madagaskar rotteten mindestens fünfzehn Lemurenarten aus. Vor allem aufgrund von Entwaldung gelten heute vierundzwanzig Spezies als vom Aussterben bedroht und neunundvierzig als stark gefährdet. 94 Prozent aller Lemurenarten sind in unterschiedlichem Maß bedroht. Bis vor Kurzem war die Jagd auf die Tiere ein das Tabu. Unter der Landbevölkerung galt der Verzehr von Lemuren als fast ebenso entsetzlich wie der Verzehr von Menschenfleisch. Manchen Geschichten zufolge waren Lemuren einst unsere Ahnen, die sich im Regenwald Madagaskars verlaufen und in Tiere verwandelt hatten, um zu überleben. Andere Geschichten wiederum handelten von einem Mann, der aus einem hohen Baum in den scheinbar sicheren Tod stürzte, jedoch von einem Indri aufgefangen und sicher auf den Boden gestellt wurde. Gebrochen wurde das Tabu anfänglich aus Armut und Verzweiflung: In den ländlichen Familien, die Lemuren aßen, wurde bei nahezu allen Kindern Unterernährung festgestellt. Wie so oft wäre es ein wichtiger Beitrag zum Artenschutz, die Ernährung von Kindern zu verbessern, sodass sich, als Nebeneffekt, die Jagd auf bedrohte Tierarten erübrigt.

Mythen haben die Lemuren also nicht retten können. Doch immer wenn wir einem menschlichen oder anderen Wesen mystische Kräfte zuschreiben, bringen wir es in der

Regel irgendwann um. In manchen Gegenden glaubt man, der Aye-Aye könne Todesfälle voraussagen. Diese Lemuren haben riesige Augen, große, empfindliche Ohren und Mittelfinger, die doppelt so lang sind wie die übrigen. Zeigt der Aye-Aye mit dem Mittelfinger auf einen Menschen, gilt dieser als verflucht. In anderen Geschichten wird behauptet, er könne diesen Finger einem Menschen ins Herz stoßen. Aus diesem Grund ist er unbeliebt und wird so erbarmungslos gejagt, dass er schon als ausgestorben galt, ehe man ihn 1961 wiederentdeckte. Das Wort »Lemur« leitet sich von dem lateinischen *lemures* ab, das »Geister« bedeutet. Womöglich ist dies das Schicksal, das einigen Unterarten bevorsteht: Sie werden zu Geschichten, von denen in hundert Jahren nur noch Fotografien und ausgestopfte Tiere zeugen, die langsam Staub ansetzen.

Das Faszinierendste an Lemuren ist womöglich, dass sie überhaupt überlebt haben. Bis vor 180 Millionen Jahren war Madagaskar ein Teil von Gondwanaland, dann zerbrach dieser Superkontinent, und die Insel trieb langsam ostwärts, weg von Afrika. Die frühesten Lemuren-ähnlichen Fossilien sind 62 bis 65 Millionen Jahre alt und stammen vom afrikanischen Festland. Wie also gelangten die Lemuren nach Madagaskar? Dazu gibt es viele Theorien – etwa Insel-Hopping oder Landbrücken –, am weitesten verbreitet aber ist die Ansicht, dass Lemuren auf schwimmenden Ästen und anderen floßtauglichen Pflanzen hinübertrieben. Auch die Insel selbst driftete weiter ab, und als sich Affen, vor 17 bis 23 Millionen Jahren, so weit entwickelt hatten, dass sie die Lemuren aufgrund ihrer höheren Anpassungsfähigkeit und Aggressivität auf dem Festland auslöschten, war Madagaskar schon nicht mehr zu erreichen und ein sicherer Ort. Mir ist schon viel Wunderbares begegnet, aber ich glaube, ich werde nie etwas so Schönes sehen wie ein Floß mit Lemuren, die über das Meer auf ein Land zutreiben, das ihnen, jedenfalls bis zur Ankunft des Menschen, Sicherheit versprach.

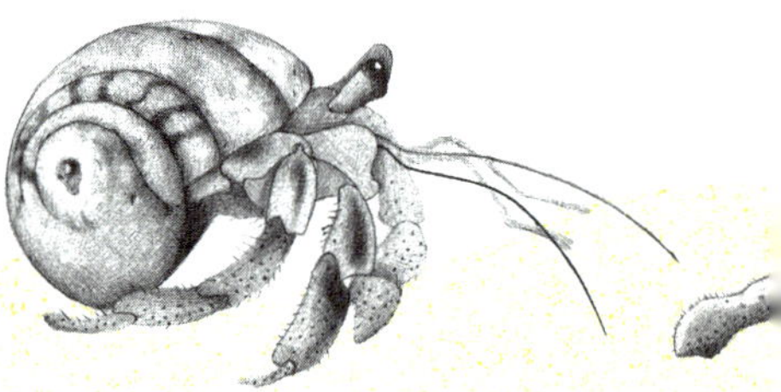

DER EINSIEDLERKREBS

Möglicherweise war es ein Einsiedlerkrebs, der Amelia Earhart gefressen hat. Nachdem sie 1937 spurlos vom Himmel verschwunden war, empfing die US-Marine fünf Nächte lang Notsignale von der unbewohnten Insel Nikumaroro im Westpazifik. Als eine Rettungsmannschaft eine Woche später dort eintraf – die Flugzeuge mussten zuerst auf Schiffe geladen werden –, fanden sie eine verlassene Insel vor. Inzwischen wurden dort menschliche Knochen entdeckt, die zu Earharts Körpergröße passten. Ein anderes Forschungsteam fand die Scherben eines Taschenspiegels, einige Rouge-Reste und ein Döschen Bleichcreme gegen

Sommersprossen – von Earhart ist bekannt, dass sie ihre Sprossen hasste. Die Knochen sollten untersucht werden, gingen aber unterwegs verloren, und sofern man sie nicht wiederfindet, werden wir nie sicher sein, ob sie tatsächlich der kühnen, rasend schnellen Fliegerin mit dem Gesicht einer Löwin gehörten. Allerdings umfasste der Fund nur dreizehn Knochen, und der menschliche Körper besteht aus 206: Wenn sie also tatsächlich Earhart gehörten, wo sind dann die übrigen 193?

Vielleicht wurden sie zermalmt. Auf Nikumaroro lebt eine Kolonie Palmendiebe, die zu den Einsiedlerkrebsen gehören. Der Palmendieb ist das größte landlebende Krebstier der Welt. Er wird auch Kokosnussräuber genannt, weil er in der Lage ist, eine Kokosnuss zu öffnen, indem er seine Schere in eines der drei Keimlöcher bohrt und die Frucht knackt. Manche dieser Krebse werden über hundert Jahre alt und erreichen eine Beinspannweite von einem Meter: zu breit für die Badewanne, aber genau die richtige Größe für Albträume. 2007 beschloss eine Gruppe Forschender, die Earhart-Theorie zu überprüfen. Auf der Insel wurde der Kadaver eines jungen Schweins zurückgelassen, um herauszufinden, was die Krebse der sterbenden Earhart oder ihrer Leiche hätten antun können. Geleitet von ihrem bemerkenswerten Geruchssinn fanden sie das Schwein und rissen es auseinander, die Knochen schleppten sie in ihre Höhlen unter den Wurzeln der Bäume. Sie haben eine enorme Kraft: Eine ihrer Scheren kann bis zu 3300 Newton aufbringen (die Beißkraft eines Tigers beträgt rund 1500 Newton). Darwin nannte sie »monströs« und meinte das als Kompliment.

Doch sogar Monster fangen mal klein an. Manche Einsiedlerkrebse sind Land-, andere Meeresbewohner, aber alle sind am Anfang winzig und entstehen im Wasser. Die Eier werden ins Meer abgegeben, daraus schlüpfen wenig attraktive Larven (doch welche Larven sind schon attraktiv?), die nach einigen Monaten groß genug sind, um das kleinste leere Schneckenhaus, das sie finden können, zu beziehen. Wachstumsbedingt wandern sie von einem verlassenen Gehäuse zum nächsten. Meist ist es das fein gezwirbelte Haus einer Meeresschnecke, an dessen innenliegender Spindel sie sich mit den kleinen Klauen ihres Hinterleibs festhalten. Hin und wieder streifen sie ihr Exoskelett ab und lassen die halbdurchsichtige Krebshülle davontreiben – ein Geist. Der Palmendieb wird schließlich zu groß für Schneckenhäuser aller Art und beginnt ein ungeschütztes Leben an Land, doch die meisten der gut 1100 Einsiedlerkrebsarten verbringen ihr ganzes Leben in einem geborgten Heim.

Tatsächlich führen Einsiedlerkrebse keineswegs das Leben eines Einsiedlers: Sie mögen Gesellschaft, klettern häufig aufeinander und schlafen in riesigen Haufen. Ihr Gruppenverhalten folgt so hochkomplexen Regeln, dass das Zeremoniell an den Höfen der Renaissance dagegen übersichtlich wirkt. Entdeckt ein Krebs ein neues Schneckenhaus, klettert er hinein und probiert es an. Ist es von guter Qualität, aber zu groß, wartet er in der Nähe, bis ein anderer Krebs zur Besichtigung kommt. Findet dieser das Gehäuse ebenfalls zu groß, stellt er sich neben den ersten, und so stehen allmählich bis zu zwanzig Krebse Schlange, der Größe nach geordnet, vom kleinsten bis zum größten, und halten sich aneinander fest: aufgereiht wie Showtänzer beim Varieté. Kommt schließlich einer dazu, dem das leere Schneckenhaus passt, bezieht der Letzte in der Reihe das verlassene Gehäuse des Neuankömmlings, und dann klettern in einem großen Gewusel alle Krebse jeweils ins Haus ihres Nachbarn. Da Einsiedlerkrebse einen weichen, verletzlichen Hinterleib haben, der einen Angriffspunkt bietet, geht dieser Tausch mit erstaunlicher Geschwindigkeit vonstatten.

Und mit der Wohnungssuche ist es nicht getan: Manche verschönern ihr Heim auch. Der Anemonen-Einsiedlerkrebs trägt seinen Namen, weil er Seeanemonen vom Meeresgrund aufsammelt und sie auf sein Schneckenhaus setzt, sodass deren nesselnde Tentakeln ihn tarnen und vor räuberischen Kraken schützen. Die Anemone wiederum frisst im Gegenzug die im Wasser treibenden Speisereste des Krebses. Ist es Zeit, in ein größeres Haus umzuziehen, hebelt der Krebs – unter einigen Schwierigkeiten, aber mit großer Beharrlichkeit – die Anemone von dem alten Gehäuse und setzt sie auf das neue.

Weil sie so klein sind und ihre Stielaugen, die Ommatophoren, so neugierig und freundlich gucken, werden der Südamerikanische und der Karibik-Landeinsiedlerkrebs häufig als pflegeleichte Haustiere verkauft. Zoohändler geben ihren Schneckenhäusern einen bunten Anstrich, der sie langsam vergiftet. Viele ersticken in ihren Terrarien, weil sie zum Atmen eine hohe Luftfeuchtigkeit brauchen. An Stränden wird ihnen Plastik zur tödlichen Falle, doch auch im Meer sind sie nicht sicher. Manche leben in Tiefen von bis zu 2000 Metern, und selbst dort werden sie Opfer unserer Verschmutzungen. Der Palmendieb droht größtenteils deshalb auszusterben, weil sein Fleisch als Aphrodisiakum gilt. Dieser Irrglaube, genau wie der an Tigerklauen und das Rhinozeros-Horn, offenbart unsere große Verletzlichkeit sowie eine enorme Dummheit, die ganze Ökosysteme zu zerstören vermag. (Tatsächlich ist die Gesamtzahl der natürlichen Aphrodisiaka – also der nicht pharmazeutisch hergestellten Sexualstimulanzien – gleich null. Im Laufe der Jahrhunderte wollten wir glauben, dass folgende Dinge aphrodisierende Kräfte besitzen: a) alles, was selten, exotisch, neuartig oder teuer ist, b) stark gewürzte Speisen, die den Stoffwechsel anregen und Wärme im Körper erzeugen, c) Speisen, die wie ein Penis oder eine Vagina aussehen, oder d) Speisen, die tatsächlich aus einem Penis, einer Vagina, aus Eiern oder etwas Ähnlichem zubereitet sind. Austern zum Beispiel bestehen vor allem aus Wasser, Eiweiß, Salz, Zink, Eisen sowie aus winzigen Mengen Kalzium und Kalium: Sie wirken also ebenso stimulierend wie eine in Salzwasser gelöste Vitamintablette, aber sie sehen eben anzüglich aus. Das Vermögen, die Sexualität anzuregen, haben wir früher recht beliebigen Dingen zugeschrieben, darunter Schokolade, Spargel, Karotten, Honig, Brennnesseln, Senf und Spatzen. Im 13. Jahrhundert behauptete der deutsche Heilige Albertus Magnus, fein zerkleinertes Dachsfleisch entfalte, wenn man es über das Essen streue, eine sofortige erotisierende Wirkung. Für Shakespeare war die Kartoffel etwas Seltenes und Exotisches, dem folglich aphrodisierende Eigenschaften zugeschrieben wurden: »Nun mag der Himmel Kartoffeln regnen:«, sagt Falstaff in den *Lustigen Weibern von Windsor,* »er mag donnern nach der Melodie vom grünen Ärmel; er mag Gewürznelken hageln und Muskatkuchen schneien; es erhebe sich ein Sturm von Versuchungen.« Könnten wir uns doch bitte wieder auf so etwas wie die Kartoffel besinnen – oder uns auf Viagra verlassen, das für bedrohte Tierarten ein großer Segen ist –, wie viele wären dann gerettet!)

Die meisten Einsiedlerkrebse sind asymmetrisch, sie haben zehn Beine, aber die linke Schere ist als Verteidigungswaffe vergrößert, und mit der rechten, kleineren sammeln sie Nahrung, wobei sie nicht wählerisch sind: Algen, Pflanzen, tote andere Krebse. Außerdem haben sie, versteckt im Schneckenhaus, einen gewundenen Hinterleib – wie eine spiralförmige Rutsche. Und sie sind auf eigenwillige Art schön: Die grellen smaragdgrünen Augen des Juwelen-Anemonen-Einsiedlerkrebs sitzen auf rot-weiß gestreiften Stielen, die aussehen wie die sich drehende Säule eines Barbershops. Ihr Panzer ist meergrau oder königsviolett. Weißpunkt-Einsiedlerkrebse sind orange und ihre weißen Punkte schwarz umrandet; der Haarige Einsiedlerkrebs ist gelb-cremeweiß gestreift, hat üppig behaarte Beine und blaue Stielaugen. Aus der Nähe betrachtet ist selbst der Palmendieb schön: Manche sind aquamarin an den Gliedmaßen, andere satt braun gefärbt mit dunkelorangefarbenem Rücken. Eine wuselige Horrorshow – oder modische Trendsetter.

Wenn es sein muss, können Einsiedlerkrebse aus fast allem eine Behausung machen. Man hat sie schon in Blechdosen angetroffen oder in halben Kokosnussschalen. Die Exemplare der *Pylochelidae*-Familie quartieren sich nicht in Schneckenhäusern ein, sondern in Meeresschwämmen, Steinen, Treibholz, Bambusstäben. In diesen dunkleren

Zeiten weiß ich Einfallsreichtum immer mehr zu schätzen. Ich mag die Beharrlichkeit dieser Tiere: In den verlassenen Häusern der Toten schaffen sie neuen Raum zum Leben, und in den Trümmern, die unsere chaotische Welt ihnen hinterlässt, richten sie sich ein.

DIE ROBBE

Einst konnte es passieren, dass einem, wenn man an einem bestimmten Teich in Maine vorbeikam, eine Robbe mit breitem nordamerikanischen Akzent hinterherrief: *»Come over here!«* Der Name des Tiers war Hoover, er war als verwaistes Jungtier in den Siebzigerjahren von dem Hummerfischer George Swallow adoptiert worden und sprach Englisch: *»What are ya doin?«* und *»Hello, hello there!«* George redete ständig mit ihm, rief ihn und kümmerte sich rührend um ihn: Hoover, der so hieß, weil er Fische inhalierte wie ein Staubsauger, wackelte morgens auf ihn zu und drückte ihm wüste »Küsse« ins Gesicht. Doch als sein Fischkonsum den Swallows schließlich zu teuer wurde, gaben sie ihn in ein öffentliches Aquarium. Den Tierpflegern sagte George, dass Hoover sprechen könne, doch als er nur hochgezogene Augenbrauen und skeptische Blicke erntete, beließ er es dabei. Hoover, sprachlos über sein neues Zuhause, blieb mehrere Jahre stumm, doch als er schließlich wieder zu reden anfing, hielt sein Redefluss sein restliches Leben an. Auf Kommando sprach er nie, aber es gibt eine Aufnahme, auf der er mit kehliger Stimme *»Hello, hello, get over here«* ruft. Wie sich herausstellte, haben

Robben ein überraschendes Talent zum Sprachenlernen: An der schottischen Universität St. Andrews hat ein Forschungsteam seinen Robben-Schützlingen das Kinderlied *Twinkle, Twinkle Little Star* beigebracht.

Selbst diejenigen, die nicht sprechen, klingen manchmal sehr menschlich, wenn sie weinen. In dem 1851 veröffentlichten Roman *Moby-Dick* segelt das Schiff durch »einsame Gewässer« und auf einmal ertönt »ein Schrei […], welcher so wehklagend und überirdisch wild war«, dass die Crew gebannt erstarrt. »Der christliche oder zivilisierte Teil der Mannschaft meinte, es seien Meerjungfrauen, und erschauderte […] Der graue Manxmann wiederum, der älteste

Seemann an Bord, behauptete, das wilde, erregende Wehklagen seien die Stimmen der Ertrunkenen.« Nur Kapitän Ahab »lachte hohl und erklärte das wundersame Ereignis folgendermaßen:

[...] Einige junge Seehunde, die ihre Mütter suchten, oder einige Muttertiere, die ihre Jungen verloren hatten, waren wohl nicht weit vom Schiff aufgetaucht und hatten es mit ihrem Schluchzen und Schreien, das menschlicher Klage so ähnlich ist, ein Stück weit begleitet. Doch diese Erklärung ließ manche nur noch mehr erschaudern, weil nämlich die meisten höchst abergläubischen Seeleute ein tiefes Mitgefühl für Seehunde hegen, nicht nur ob der eigentümlichen Laute, die sie in der Not ausstoßen, sondern auch, weil ihre runden Köpfe und recht verständigen Gesichter so menschlich aussehen, wenn die Tiere längsseits auftauchen und neugierig zum Schiff herüberäugen.«

Weiter erzählt Ahab: »Mehr als einmal ist es vorgekommen, dass Seehunde auf See unter bestimmten Umständen mit Menschen verwechselt wurden.«

Hoover war ein Seehund und gehörte damit einer der zahlreichsten unter den dreiunddreißig Robbenarten an – die wissenschaftlich korrekt *Pinnipedia* heißen, abgeleitet von den lateinischen Begriffen *pinna* für »Flosse« und *pes* für »Fuß«. Die meisten Robben leben in den Gewässern der Arktis und Antarktis, darunter die Sattelrobbe, die als ausgewachsenes Tier grau, gefleckt oder silberfarben sein kann – und das meint nicht etwa den Farbton von Spülwasser, der manchmal höflich als »silbern« bezeichnet wird, sondern echtes, poliertes Silber. Die Jungen werden auf dem Eis geboren und sind zuerst noch hellgelb vom Fruchtwasser, doch ist ihr Fell gereinigt, bleibt es bis zum ersten Wechsel schneeweiß. Sie haben runde, schwarze Augen, die, wenn sie einem Menschen gehörten, ganz Hollywood im Sturm erobern würden. Robben sind beeindruckende Mütter. Sie sind sorgsam und mutig und beißen zu, wenn man ihnen in die Quere kommt, doch bei den Kegelrobben wird die Aufzucht der Jungen zunehmend zum Wettlauf gegen die Zeit. Sobald sie geboren sind, beginnt der Countdown, denn sie müssen abgestillt sein und schwimmen können, ehe das Eis schmilzt. Damit das gelingt, besteht die Muttermilch zu 50 Prozent aus Fett und hat die Konsistenz von Mayonnaise, sodass ein Jungtier sein Gewicht innerhalb weniger Tage verdoppelt (die gehaltvollste Eiscreme, die Sie üblicherweise bekommen können, hat 15 Prozent und menschliche Muttermilch nur 4 Prozent Fett). Danach nimmt die Mutter es mit ins Wasser, und ihr Bauch wird zur Schwimminsel, auf der das Kleine verschnaufen kann. Schwimmen lernt es in ein paar Minuten: zuerst wildes Flossenschlagen und leises, panisches Pfeifen, dann hat es den Dreh raus. Doch der Klimawandel bringt das Kommen und Gehen des Eises aus dem Rhythmus und schmälert die Überlebenschancen der Jungen. In den letzten dreißig Jahren ist das Meereis der Arktis jede Dekade um mehr als 13 Prozent zurückgegangen. Eis reflektiert die Wärmestrahlung der Sonne ins All zurück und schafft stabile Klimaverhältnisse, während eine freiliegende Wasseroberfläche Wärme aufnimmt. 2017 brach das Eis im

Sankt-Lorenz-Golf so früh, dass über Nacht eine ganze Generation junger Kegelrobben ertrank: so viel mühevoll hervorgebrachtes Leben – tot. Mit dem Abschmelzen des Eises wissen die Robbenkolonien bald nicht mehr, wohin: Ihre Rückzugsorte schwinden.

Die Merkwürdigkeiten sind bei Robben ebenso eindrucksvoll wie ihre Schönheit. Männliche Klappmützen etwa können einen fußballgroßen, fleischigen roten Ballon aus der Nase blasen, mit dem sie Rivalen abschrecken, die sich mit ihren Partnerinnen paaren wollen. Der größte Fleischfresser der Welt, der Seeelefant, wiegt bis zu 4000 Kilogramm, so viel wie ein Pritschen-LKW, und obwohl die Tiere am Strand und an der Steinküste die Eleganz eines Erdrutschs besitzen, bewegen sie sich unter Wasser so souverän und gewandt wie ein Sportschwimmer. Wenngleich Robben nicht fähig sind, unter Wasser zu atmen, können Seeelefanten mehr als zwei Kilometer tieftauchen, denn die hohe Konzentration von Myoglobin in ihren Muskeln unterstützt das dortige Speichern von Sauerstoff, was ihnen ermöglicht, bis zu zwei Stunden die Luft anzuhalten. Nicht alle Robben versprühen Hollywoodflair – manche haben eher die Ausstrahlung von Charakterdarstellern: Bartrobben tragen zum grauen Gewand einen prächtigen schneeweißen Schnauzer, der den Männchen wie den Weibchen, solange er nass ist, ein staatsmännisches Aussehen verleiht. Trocknet er und kringelt sich, wirken sie wie ein Trupp schnittiger Musketiere. Andere würden abstrakte Maler vor Neid erblassen lassen: Die Fellzeichnung der Bandrobben besteht aus breiten weißen Kreisen – wie ein Gemälde von Malewitsch auf Flossen. Die Jungen der Mittelmeer-

Mönchsrobbe sind kohlrabenschwarz mit weiß angepinseltem Bauch – doch wie lange es sie noch gibt, ist fraglich. Die weltweite Population beträgt derzeit nur einige Hundert Exemplare.

Betrachtet man ihre Gesichter, die so aufmerksam schauen und so viel Pathos und Schalk ausdrücken können, versteht man, dass die altnordischen Sagas nicht immer einheitlich darüber berichten, was sie wissen oder nicht wissen, was sie können und was nicht. In der *Laxdæla Saga* aus dem 13. Jahrhundert segelt der Krieger Þóroddr in einem überladenen Schiff los, um neues Land zu erobern: »Sie sahen den ganzen Tag einen Seehund in der Strömung, und der hatte riesige Schwimmflossen. Allen schien es, als ob er Menschenaugen hätte.« Die Krieger versuchen ihn zu töten, aber er entwischt ihnen. Wenige Augenblicke später schaut er zu, wie »eine scharfe Bö [sie erfasste], und das Schiff kenterte, und alle, die auf dem Schiff waren, ertranken, ausgenommen einer.« Der Seehund hatte ihren Tod entweder prophezeit oder sogar verursacht.

Am unheimlichsten und am schwersten fassbar ist die Selkie. Als Gestaltwandlerin zwischen Mensch und Seehund spukt sie durch die Sagenwelt der Meere. In den bekanntesten Geschichten, die man sich auf den schottischen Orkney- und Shetlandinseln, auf Island und den Färöern erzählt, legt die Selkie ihr Seehundfell am Ufer ab und spaziert nackt an Land. Ein Mann verliebt sich in ihre geschmeidige Schönheit, stiehlt das Fell und zwingt sie dadurch, seine Frau zu werden. Sie bekommen Kinder, doch sie weint stets dem Meer nach, und kaum hat sie ihr Fell wiedergefunden, streift sie es über, lässt zugunsten der See fröhlich ihre Kinder sitzen und flieht ins Wasser. Bei anderen Selkie-Geschichten ist es umgekehrt: Auf den Shetlands locken Selkie-Frauen Männer in die Wellen, auf dass sie nie wieder festen Boden betreten. Männliche Selkies haben in ihrer menschlichen Form einen exquisiten Körper, weibliche sind von überwältigender Schönheit: Man kann ihnen nicht widerstehen, denn sie tragen die Macht des Meeres in sich. Die Ballade *The Grey Selkie of Sule Skerry* erzählt von einer Frau, die beklagt, dass sie den Vater ihres Babys nicht kennt. Doch plötzlich entsteigt er der schäumenden See und verlangt das Kind zurück:

An Land geh ich als Mann dahin;
Als Selkie schwimm ich in der See
Und wenn ich fern vom Ufer bin
Ist mein Zuhause Shöol Skerry

Als ich einmal bei Stiffkey in Norfolk in der Nordsee schwamm, tauchte eine Herde Seehunde auf. Sie wichen nicht zurück – einige kamen näher. Im eiskalten Wasser zu sein, unter einem glatten grauen Himmel mit ihrer grauen glatten Schönheit – ich fühlte mich gesegnet. In ihrer Gegenwart versteht man leicht, warum wir in ihnen singende, wissende, wachende Wesen erkennen.

DER BÄR

Der Renaissancedichter John Donne hatte eine Theorie über Bären: Bärenjunge, so glaubte er, seien bei der Geburt noch bloße Fleischklumpen, bis ihre Mutter ihnen Gestalt gebe, indem sie sie in Form beiße und schlecke. Diese Vorstellung lässt sich bis zu Plinius' *Historia Naturalis* zurückverfolgen.

> *[Die Jungen] sind anfangs weißes, ungestaltetes Fleisch, etwas größer als Mäuse, ohne Augen und Haar; nur die Krallen ragen heraus. Dieses Fleisch gestalten sie allmählich durch Lecken. Es gibt nichts Selteneres, als eine werfende Bärin zu beobachten.*

Dieses Bild kommt in Donnes Werk einige Male vor, am eindringlichsten in Form einer Warnung – wir dürfen im Liebesfieber keine ganzen Stücke unserer Geliebten verschlingen.

> *Liebe ist*
> *Ein Bärenwelpe: Wer sie leckend küsst,*
> *um sie ganz neu und seltsam zu gestalten*
> *wird aus dem Kloß ein Ungetüm erhalten.*

Er war nicht der Einzige, dem dieses Bild gefiel: Auch der Dramatiker George Chapman griff darauf zurück, um eine unausgereifte, schlechte Idee zu umschreiben: »Nein, ich glaub' er hat sein Junges noch nicht ganz in Form geschleckt« – und auch sein Zeitgenosse William Shakespeare verwendete das Bild des Bärenjungen, und zwar in seinem Königsdrama *Heinrich VI. Teil 3.* Darin empfindet Gloucester sich selbst »Wie 's Chaos oder 's schrumplig junge Bärchen, / Das keine Mutter in Gestalt je leckt.« Es war der universalgelehrte Spielverderber Thomas Browne, der im 17. Jahrhundert in seinem Buch *Pseudodoxia Epidemica,* die Theorie entzauberte. »Daß ein Bär seine Jungen ganz ungestalt und unvollkommen auf die Welt bringt / und solche hernach erst mit Lecken in ihre Vollkommenheit setzet«, sei nicht nur eine zu seiner Zeit verbreitete Ansicht, sondern bereits von den Schriftstellern der Antike festgehalten worden. Browne hatte eine Erklärung für diese Legende:

> *Denn weil die Jungen hervorkommen in ein natürlich Mutter-Häutlein / Chorion genannt / eingewickelt / welches dicke grobe Fell die Gestalt derselben verdecket / bis solches hernach die Mutter zerbeisset und aufreisset; so mag einer / der dieses zuerst gesehen / sich eingebildet haben / es wäre ein rohes und ungeformtes Stücke Fleisch; also / daß er hernach die Gestalt und Bildung dem Lecken der Mutter zugeschrieben.*

Schon lange bevor 1902 der erste Teddybär genäht wurde, wollten wir Bären um uns haben, wegen ihrer immensen Statur, ihrer Schönheit, ihrer scharfen Zähne. 1251 bekam

Henry III. vom norwegischen König einen »weißen Bären« geschenkt, einen Eisbären, der im Tower of London gehalten wurde und in der Themse Fische fangen durfte. 1609 begegnete eine englische Arktis-Expedition »einer Bärin mit zwei Jungen: Master Thomas Welde erschoss sie. Als sie tot war, fingen wir die Jungtiere und brachten sie nach Hause nach England, wo sie heute im Paris Garden leben.« Anvertraut wurden sie Edward Alleyn, einem der großen Schauspieler seiner Zeit, der zugleich »Meister der Königlichen Bären« war. Am Neujahrstag 1611 wurde für den König das Maskenspiel *Oberon, der Feenprinz* von Ben Jonson aufgeführt – der sechzehnjährige Prinz Henry, bleich und exquisit gekleidet, lenkte einen Wagen auf die Bühne von Whitehall, der von den beiden Eisbärjungen gezogen wurde. Keiner aber lebte so eng mit Bären zusammen wie Lord Byron, der sich aus Zorn über die Hausordnung des Trinity College in Cambridge, die ihm die Hundehaltung auf seinem Zimmer untersagte, einen Bären zulegte. 1807 schrieb er einer Freundin: »Ich habe einen neuen Freund, den besten der Welt, einen *zahmen Bären*. Als ich ihn herbrachte, fragten sie mich, was ich mit ihm zu tun gedächte, und meine Erwiderung war, ›er solle *sich habilitieren*‹.«

Bären wecken in uns gewaltiges Erstaunen. Der Kodiakbär ist ein enormes Wachstumstalent: Bei der Geburt wiegt das Junge weniger als 500 Gramm – ein kleiner Laib Brot –, kann aber schließlich mehr als 680 Kilo erreichen; würden wir genau so stark wachsen, wöge ein Erwachsener so viel wie ein Nashorn. Ihr Geruchssinn ist hundertmal besser als unserer: Ein Eisbär kann uns aus einer Entfernung von 30 Kilometern riechen und schwimmt 160 Kilometer ohne

Pause – fünfmal von Dover nach Calais. Bärenarten, die Winterruhe halten, können in ihrem Körper eine kraftvolle Langsamkeit entfalten und mehr als hundert Tage lang weder fressen noch trinken noch urinieren. Ihr Herzschlag sinkt von vierzig auf nur acht ruhige Schläge pro Minute, dazu kommt alle 45 Sekunden ein Atemzug. Noch erstaunlicher ist, dass ihr Körper dabei zur Recyclingfabrik wird, die aus Harnstoff Protein herstellt, um die Muskeln zu erhalten, und im Anus bildet sich ein sauberer Pfropf, wohl damit sie in ihrem Bau keinen Kot abgeben.

Der Bär mit der schönsten Entstehungslegende ist wahrscheinlich der Panda. In China und Tibet erzählt man Kindern, dass vor langer Zeit eine Hirtin beim Hüten ihrer Schafe jeden Tag Besuch von einem Pandajungen bekam. Damals waren alle Pandas noch schneeweiß, und womöglich dachte das Junge, die Schafe seien auch Pandas. Als es eines Tages tapsig mit den Lämmern herumtollte, wurde es von einem Leopard angegriffen. Die Hirtin warf sich vor den Panda und wurde getötet. Betrübt, aber dankbar kamen das Pandajunge und seine Familie zum Begräbnis der Hirtin und streuten sich schwarze Asche auf die Arme, wie es Sitte war. Während der Bestattung weinten sie, wischten sich über die Augen und färbten auch diese schwarz. Als das Weinen immer lauter wurde, hielten sie sich die Ohren zu, um ihr eigenes Schluchzen nicht mehr hören zu müssen. Die Asche ließ sich nicht wieder abwaschen, und so tragen sie seither die Zeichen ihrer Liebe und ihrer Trauer, ihrer Treue gegenüber den Mutigen.

Bären sind so riesig, dass wir sie dazu benutzt haben, uns ein angenehmes Siegesgefühl zu verschaffen. Im elisabethanischen England gab es unten an der Themse neben den Bordellen – manche prachtvoll mit Wassergraben und Fahnen, andere viel kümmerlicher –, neben Theatern, Erdnussverkäufern und Pubs die Bärenkämpfe. Der Bär wurde mit einem Bein oder dem Hals an einen Pfahl in der Mitte des Kampfplatzes gekettet, dann wurde eine Meute Hunde auf ihn gehetzt. Ein Höfling von Elizabeth I. begeisterte sich sehr dafür: »Es war ein kurzweiliger Zeitvertreib [...] dem Bären mit seinen winzigen Augen zuzusehen, wie er nach seinen Gegnern schlug, wenn diese sich genähert hatten [...] mit Beißen, mit Klauenhieben, mit Brüllen, mit Hin-und-her-Schütteln gelang es ihm, sich ihnen zu entwinden. Und als er frei war [...] schüttelte er sich zwei-, dreimal, da sein Angesicht voller Blut und Geifer hing.« In der Regel wurden die Bären nicht zu Tode gehetzt – dazu waren sie zu wertvoll –, stattdessen mussten sie immer wieder kämpfen, und manche wurden in ganz London berühmt: ›Harry of Tame‹, ›Sampson‹ und eine Bärin namens ›Boss‹. Aber diese Regel kannte auch Ausnahmen: Ein Jahr vor seiner Eisbär-Wagenfahrt ging Prinz Henry mit seinen Eltern in den Tower, um einen »großen wilden Bären« zu sehen, »der ein Kind getötet hatte,

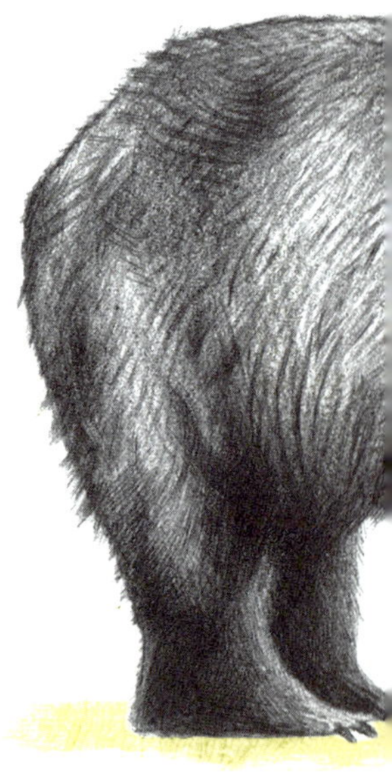

welches fahrlässig im Bärenhaus zurückgelassen worden war«. Der König wollte ihn gegen seine Löwen antreten lassen, doch die waren verängstigt und weigerten sich zu kämpfen. Der Bär wurde stattdessen einer Meute Mastiffs überlassen und von den Hunden zerrissen. Die Mutter des toten Kindes bekam 20 Pfund aus dem Eintrittsgeld der Zuschauer.

Im 18. Jahrhundert wurden Bären Opfer einer anderen Form menschlicher Begierde: unseres brennenden Verlangens nach Schönheit. Bärenfett war die Luxuskosmetik der Stunde: das Chanel No. 5, das Vidal Sassoon. Es galt als Heilmittel gegen Haarausfall und verlieh den Perücken

der Oberschicht einen schimmernden Glanz. Meistens war dieses »Bärenfett« bloß grün gefärbtes Schweineschmalz – aber als Beweisstück ihrer vermeintlichen Aufrichtigkeit hielten manche Händler vor ihren Läden Bären in Käfigen. Besonders reiche Kunden schauten zu, wie das Fett dem Kadaver entnommen wurde, damit sie garantiert das echte Produkt bekamen. Ein geschäftstüchtiger Barbier behauptete, zu diesem Zweck in seinem Keller vierzig lebende Bären zu halten. Bestimmt machte der Lärm – und auch der Gestank – die Besuche in seinen Geschäftsräumen zu einem nicht ganz ungetrübten Vergnügen.

Kinder fragen gern: Wer würde bei einem Kampf gewinnen, Mensch oder Bär? Das hängt ganz von der Tagesform ab. Weltweit werden pro Jahr etwa vierzig Bärenangriffe gemeldet, aber weniger als 20 Prozent enden tödlich. (Das sind wesentlich weniger Todesfälle, als jährlich durch herunterfallende Fernseher, kaputte Rasenmäher oder umstürzende Getränkeautomaten geschehen.) Manchmal geht es unentschieden aus. 1883 berichtete eine Zeitung in Kansas:

> *Vor Kurzem wurde in den Wäldern acht Meilen von Cheboygan, Michigan, die Leiche von Frank Devereaux gefunden. Wie sich in der unmittelbaren Umgebung ablesen lässt, wurde er beim Kampf mit einem Bären getötet, der für beide tödlich endete, denn der Körper des Tieres wurde in der Nähe der Leiche des Mannes gefunden. Dieser hatte während des Kampfs schreckliche Verletzungen davongetragen, und der aufgewühlte Boden im Umkreis von 20 Fuß beweist, dass es ein grausamer Kampf gewesen sein muss.*

Der etablierte Rat lautet: Greift dich ein Braunbär an, stelle dich tot; ist es ein Schwarzbär, mach dich so groß wie möglich und brülle. In beiden Fällen gilt: Nicht weglaufen! Dieser Rat erfordert große Geistesgegenwart in der Gegenwart großer Zähne.

Den übergeordneten Kampf zwischen Bären und Menschen – den Kampf, den wirklich niemand von uns aufnehmen wollte, in den wir jedoch alle verwickelt sind – gewinnen gerade wir. Von den acht Bärenarten sind sechs entweder gefährdet oder stark gefährdet: Dem Amerikanischen Schwarzbären und dem Braunbären geht es recht gut, nicht aber dem Kragenbären, dem Lippenbären, dem Brillen- oder Andenbären, dem Malaienbären und dem Eisbären, und auch nicht dem Großen Panda mit seinem gemächlichen, ungelenk-lyrischen Gang. Lippenbären werden als Jungtiere qualvoll mittels erhitzter Metallplatten am Käfigboden und Vaseline an den Tatzen zu Tanzbären abgerichtet. Den Eisbären schmilzt das Eis unter den Füßen weg. Tausende Kragenbären und Malaienbären leben in Käfigen auf legalen und illegalen Bärenfarmen, wo man ihnen ihre Galle entnimmt. Bärengalle, mit der Gallensteine aufgelöst werden (was, anders als viele andere traditionelle Heilmittel, tatsächlich hilft) und die man verabreicht, um Fieber zu senken und die Leber zu reinigen, ist jährlich ein zwei Milliarden US-Dollar schwerer Markt. Es ist nicht immer leicht einzusehen, wie dringend ein Wesen geschützt werden muss, das uns auch töten könnte.

Die beste Bühnenanweisung aller Zeiten steht in Shakespeares *Wintermärchen:* »Er entflieht, von einem Bären verfolgt«. War da ein echter Bär auf der Bühne? Wahrscheinlich nicht: nur ein lautes Brüllen aus dem Off oder in Bärenfell gehüllte Schauspieler. Aber ganz in der Nähe waren Bären, warteten auf die Hunde, die wir auf sie hetzen würden, in unserem Verlangen, etwas so Riesiges, so Wildes, so Schönes sich aufrichten und brüllen zu sehen.

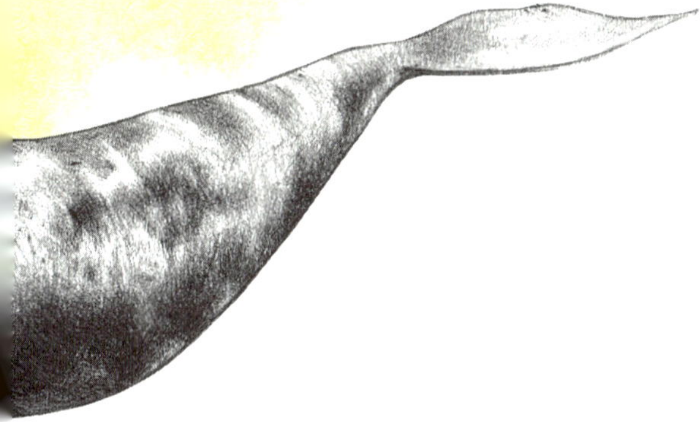

DER NARWAL

Als Iwan der Schreckliche 1584 im Sterben lag, ließ er sich seinen königlichen Stab aus dem Horn eines Einhorns ans Bett bringen, »verziert mit wunderschönen Diamanten, Rubinen, Saphiren und Smaragden«. In ganz Europa schrieb man solchen Hörnern magische Heilwirkung zu – noch 1789 wurde ein aus diesem Material gefertigtes Trinkhorn zum Schutz des französischen Königshofs eingesetzt, da man glaubte, bei giftigem Inhalt beginne es zu »schwitzen« und ändere seine Farbe. Um die Wirksamkeit zu beweisen, befahl Iwan seinem Arzt, mit der Spitze des Horns einen Kreis in die Tischplatte zu kratzen und »einige Spinnen herbeizuholen«. Wurden Spinnen ins Innere des Kreises gesetzt, starben sie, außerhalb jedoch liefen sie davon und blieben am Leben. Doch auch die toten Spinnen konnten Iwan nicht trösten. »Es ist zu spät«, sagte er, »es wird mich nicht vor dem Tode bewahren.« Dann starb er.

Dieses Horn war natürlich der Stoßzahn eines Narwals: Ein solcher Zahn wächst dem kleinen arktischen Wal durch die Oberlippe und wird, gegen den Uhrzeigersinn gedreht, bis zu zweieinhalb Meter lang. Ihr Name setzt sich wenig schmeichelhaft aus den altnordischen Wörtern *nar* für »Leiche« und *hvalr* für »Wal« zusammen, denn sie haben eine fleckig graue Haut. Doch einem Einhorn gleichen sie nicht nur durch ihren Auswuchs, sondern auch, weil sie sich ähnlich rarmachen: Sie gehören zu den Säugetierarten, über die wir am wenigsten wissen. In den Wintermonaten verstecken sie sich unter dichtgedrängten Packeisschollen, wohin kein Mensch ihnen zu folgen vermag, und sie können bis zu anderthalb Kilometer tief tauchen, wenn sie senkrecht ins pechschwarze Wasser hinabgleiten.

Das große Geheimnis des Narwals ist der Zweck seines Stoßzahns. Er entsteht, wenn das Kalb etwa ein Jahr alt ist, und ist zuerst so kurz und dünn wie ein kleiner Finger. Dann wächst er fast zehn Jahre lang, bis er am Ansatz einen Durchmesser von etwa 25 Zentimetern erreicht. In *Moby-Dick* schreibt Herman Melville über das Horn des »Nasenwals«: »[m]anche Seeleute [sagen mir], dass der Narwal es als Rechen einsetzt, wenn er den Meeresboden nach Nahrung abkämmt. Charley Coffin hat erzählt, das Horn werde als Eisbrecher benutzt: […] Doch keine dieser Vermutungen lässt sich beweisen.« Am Ende schlägt er vor, man könne auch einen ausgezeichneten Brieföffner daraus machen. Da nur weniger als 15 Prozent aller weiblichen Narwale einen Stoßzahn haben, kann er nicht überlebenswichtig sein, und deshalb wurde das Kreuzen der Stoßzähne, das bei Männchen beobachtet wurde, oft als Zweikampf zwischen Rivalen interpretiert. Vor Kurzem jedoch hat die Wissenschaft herausgefunden, dass der Zahn mit rund zehn Millionen Nervenenden durchsetzt ist, und wenn Narwale bei ihren Begegnungen ihre Stoßzähne aneinander reiben, übermitteln sie womöglich Informationen über den Salzgehalt des gerade durchschwommenen Wassers (und damit über dessen Wahrscheinlichkeit zu gefrieren). Sie sind also keine Angreifer, sondern Kartografen. Andere wurden dabei beobachtet, wie sie das Horn als Gerät zum Fischfang benutzen und ihre Beute damit betäuben, ehe sie sie fressen. Auch zum Anlocken von Weibchen mag das Horn dienen: Zwischen Hodengröße und Hornlänge ist eine positive Korrelation festgestellt worden, sodass die fruchtbarsten Männchen mittels ihres Stoßzahns für sich werben können.

Der Narwal ist kunstvoll geformt. Um Wärme zu speichern, hat er eine möglichst glatte Körperoberfläche: keine Ohren, keine Lippen, keine Wimpern, keine störend hervorstehenden Fortpflanzungsorgane, kurzum nichts, was ein rasches Gleiten durch das Wasser bremsen würde. Die Fettschicht des Narwals kann bis zu 40 Prozent seiner Körpermasse ausmachen, sodass er unter den dunklen Eisschollen die warme Körpertemperatur eines Säugetiers aufrechterhalten kann. Die Narwalpaarung ist eine Art Ballett: Stundenlang schwimmen beide Haut an Haut nebeneinander her, bis das Weibchen den Bauch nach oben dreht und sich an das Männchen presst. Ist später das Junge auf der Welt, schlüpft häufig ein junges Weibchen aus derselben

Walschule in die Rolle eines Kindermädchens und nimmt gemeinsam mit der Mutter das Neugeborene in die Mitte, sodass eine Strömung entsteht, die es mitzieht: eine Babytrage für Wale.

Narwal-Legenden sind nicht besonders freundlich. Im frühen 20. Jahrhundert zeichnete der dänische Ethnologe Knud Rasmussen die Mythen der Inuit von der Nordwestküste Grönlands auf. Der Entstehungsmythos des Narwals handelt von der grausamen Mutter eines Blinden, die ihren Sohn mit einer List um seinen Anteil an einem Stück Bärenfleisch bringt. Später flicht und dreht sie sich einen langen Zopf, dann gehen beide zur Jagd auf vorbeischwimmende weiße Wale. An einem von ihnen bindet der Sohn sie fest, und der Wal zieht sie ins Meer. Wie Rasmussen berichtet, »kam [sie] nie zurück und wurde in einen Narwal verwandelt […], und von ihr stammen die Narwale ab«.

Einer der ersten schriftlichen Berichte von einem Narwal stammt aus dem Jahr 1577. Der Seemann und Freibeuter Martin Frobisher leitete eine Expedition zur Baffin-Insel, an deren Strand seine Männer einen toten Narwal fanden. Mit derselben Methode wie Iwan der Schreckliche prüften sie, ob er ein magisches Tier war:

> *An dieser westlichen Küste fanden wir im Wasser treibend einen toten Fisch, der an der Nase ein gerades, in sich gedrehtes Horn trug, dem zu einer Länge von zwei Yards bloß zwei Inches fehlten, und da es an der Spitze gebrochen war, erkannten wir, es war hohl, und einige unserer Seeleute taten dort Spinnen hinein, die alsbald starben. Diese Probe habe ich selbst nicht*

gesehen, aber mir wurde davon wahrhaftig berichtet: aufgrund dessen folgerten wir, dass es sich um ein Meeres-Einhorn handelte.

Triumphierend nahmen sie ihm das Horn. Außerdem verschleppten sie drei Inuit aus ihrer Heimat: einen Mann, Calichough, eine Frau, Egnock, und ihr Kind, Nutioc. Sie starben kurz nach ihrer Ankunft in England.

»Als Sir Martin von dieser Reise zurückkehrte«, so erfahren wir, »schenkte er seiner königlichen Hoheit das gewaltige lange Horn des Narwals, das danach noch lange Zeit im Schloss von Windsor hing.« Es war nicht der einzige Narwalstoßzahn, den Elizabeth I. besaß. Sir Humphrey Gilbert, der Halbbruder von Walter Raleigh, schenkte ihr einen edelsteinbesetzten Narwalstoßzahn im Wert von 10 000 Pfund (wovon man damals ein kleines Schloss kaufen und das Personal bezahlen konnte). Er stamme, so sagte er ihr, von einem »Meeres-Einhorn«. Zwar lautete Gilberts Motto *Quid non* (»Warum nicht?«), doch dies hielt er wohl durchaus für die Wahrheit – schließlich kommen Einhörner neunmal in der Bibel vor. Es war nichts Ungewöhnliches, dass die reichsten und vornehmsten Kirchen das Horn eines Einhorns besaßen, von dem Scheiben abgeschnitten und in Weihwasser gelegt wurden, um kranken Mitgliedern der Gemeinde zu helfen; so besitzt etwa die Kathedrale von Chester einen Narwal-Stoßzahn aus dem 17. Jahrhundert und lässt Gläubige an seiner stillen Zauberkraft teilhaben.

Narwale werden als »potenziell gefährdet« eingestuft. Am meisten ist ihr Überleben durch den Klimawandel bedroht, der das Meereis zu schnell schmelzen lässt, als dass sie sich daran anpassen könnten. Ohne den Schutz des Eises können sie sich nirgends vor Schwertwalen verstecken, nicht mehr wie gewohnt jagen. Narwale verständigen sich durch Klick- und Schnarrlaute (höher als die eines Buckelwals, weniger grell als die von Delfinen). Da die Schifffahrt und der Abbau von Bodenschätzen in der Arktis zunehmen, droht der Unterwasserlärm sie zu übertönen, ja im Endeffekt verstummen zu lassen, was sie unfähig macht, ihre Jungen zu beschützen und ihnen etwas beizubringen. Wir haben ihnen die Stille geraubt und durch Clubgedröhn ersetzt. Noch gibt es rund 80 000 Narwale. In irgendeinem Winkel der lichtlosen See, durch Wasser, kalt und dunkel genug, um uns fernzuhalten, schwimmt etwas so Schönes und Seltsames wie ein Einhorn.

DIE KRÄHE

Müssten Sie sich ein Tier aussuchen, um es hinters Licht zu führen, wäre es das Klügste, keine Krähe zu wählen. Diese Vögel sind schrecklich intelligent: so schlau und weise, dass sie nachtragend sein können. Fünf Jahre lang fingen Studierende der University of Washington, als Urmenschen maskiert, einige Krähen ein, die auf den Bäumen des Campus lebten, und ließen sie nach kurzer Gefangenschaft wieder frei. Als wären sie kleine Versionen des alttestamentarischen Gottes, vergaßen die Krähen diesen Vorfall nicht und ließen ihren Zorn walten. Spazierten die Studierenden ohne ihre Masken vorbei, beachteten die Vögel sie nicht, zeigten sie sich aber mit ihren Urmenschengesichtern, wurden sie von den Krähen geärgert, gescholten und angeschrien. Wut und Furcht verbreiteten sich von Krähe zu Krähe und in der ganzen Gruppe: Bei einem weiteren Experiment wurden maskierte Studierende angegriffen und beschimpft, als die einst gefangen genommenen Krähen bereits tot waren.

Aber sie können nicht nur erbitterte Feinde sein, sondern auch wunderbare Verbündete. Ein Mädchen aus Seattle namens Gabi Mann machte weltweit Schlagzeilen, als die Krähen, die sie seit ihrem fünften Lebensjahr täglich fütterte, ihr dafür plötzlich Geschenke brachten: eine Büroklammer, eine blaue Perle, einen Legostein, einen kleinen Herzanhänger aus Silber. Noch besser: Ihrer Mutter Lisa fiel einmal beim Fotografieren auf einer Wiese der Objektivdeckel herunter. Die Krähen sahen aus der Nähe zu. Sie war schon fast zu Hause, als sie den Verlust bemerkte, aber auf dem Weg durch den Vorgarten sah sie, dass der Deckel bereits zurückgebracht worden war. Er balancierte auf dem Rand der Vogeltränke. Eine Kamera hatte aufgezeichnet, wie eine Krähe mit ihm angeflogen kommt, zur Vogeltränke spaziert, ihn mehrmals wäscht und für die Besitzerin bereitlegt. Sie nehmen uns wahr; sie bestrafen und belohnen uns.

Natürlich bauen fast alle Vögel Nester, aber nur wenige sind so gute Handwerker wie die Krähe. Sie ist der Einstein unter den Vögeln, und die Größe ihres Gehirns in Relation zur Körpermasse ist nur ein bisschen geringer als bei uns. Viele können Werkzeuge fertigen, indem sie Zweige abknipsen, die Rinde abziehen und sie zu Haken biegen, um Nahrung aus engen Ritzen herauszuholen. Ist das Werkzeug gelungen, verstecken sie es, um es später erneut zu benutzen. Es wurden auch schon Krähen beobachtet, die anderen ein besonders wertvolles Werkzeug entwendeten. Einigen Neukaledonienkrähen, die auf dem gleichnamigen Pazifik-Archipel heimisch sind, konnte man leicht beibringen, Futterautomaten zu bedienen. Im französischen Freizeitpark Puy du Fou wurden sechs besonders intelligente mitternachtsblaue Saatkrähen trainiert, Müll aufzusammeln. Sie werfen Zigarettenstummel in einen Kasten, der dann ein Stückchen Futter auswirft. Die Leute, die den Stummel fallen gelassen haben, schauen ihnen dabei zu. Stellen Sie sich das mal vor: bloßgestellt von einer Saatkrähe.

Die Verwandtschaft der Krähe ist groß und trägt Dutzende edelste Schwarztöne. Die Gattung *Corvus* umfasst Krähen und Raben (die sich von den Krähen nur durch ihre Größe unterscheiden) und besteht aus 45 Arten. Saatkrähen zum Beispiel zeichnen sich durch ihren silbergrauen Schnabel aus. Die übergeordnete Familie der Rabenvögel *(Corvidae)* kennt 133 Arten, darunter Elstern und Häher. Es ist keine besonders nette Familie, denn sie haben einen gewissen Hang zur Blutrünstigkeit. Von Krähen weiß man, dass sie wehrlosen neugeborenen Lämmern die Augen aushacken. Weil Elstern die Eier und Jungvögel von Spatzen und Staren fressen, sind sie in manchen ländlichen Gegenden so verhasst, dass die Zeitschrift *Sporting Shooter* einmal 500 Pfund Belohnung für denjenigen aussetzte, der die meisten toten Elstern vorweisen konnte. (Wer Elstern jedoch für den katastrophalen Rückgang von Singvögeln in Europa verantwortlich macht, schiebt die Schuld den Falschen zu. Den größten Anteil daran haben Pestizide sowie der Anbau von Wintergetreide, das bereits zu hoch und zu dicht steht, wenn die Vögel darin nisten wollen.) Die Familie der Krähen wird seit jeher wenig geliebt, teils aufgrund der besagten grausamen Vorliebe für Lämmeraugen, teils, weil sie so wissend und skeptisch dreinschauen, und teils, weil ihre Stimmen gemeinhin so rau und kehlig klingen – man denke nur an den Raben, der Edgar Allan Poe zu der Frage trieb: »Was der alte ungestalte / Vogel wohl gewollt zuvor / Mit dem Krächzen ›Nie du Tor‹.«

Es gibt jedoch eine Krähe, deren Stimme Freude bereitet. Sie ist erstaunlich vielseitig – manche Rufe sind musikalisch, manche menschenähnlich: Die Hawaiikrähe, auch *'Alala* genannt, gleicht einem Ein-Vogel-Orchester. Sie ist groß, von exquisitem Petrolschwarz und mitteilsam. Ein bestimmter Ruf hört sich an wie ein pfeifender Teekessel. Ein anderer klingt wie der typische Elvis-Jauchzer und wird in der Artenbeschreibung des *US Fish and Wildlife Service* das »Yeeow« genannt. Diese Krähe zählte einmal zu den häufigsten Vogelarten Hawaiis, und durch die Wälder schallte ihr Schnarren und Knurren und wunderliches Klagen.

Im Volksglauben von Hawaii ist die 'Alala eine Wächterin der Seele. Die Seelen der Verstorbenen begeben sich an einen Ort hoch über dem Meer, und warten dort auf ihren Begleiter, der sie zu ihrer letzten Ruhe geleitet. Einer dieser sogenannten *Leaping Places* für diejenigen, die in Ka'ū auf der Hauptinsel Hawai'i sterben, ist eine Klippe an deren Südspitze namens Ka Lae, und ihre Begleiterin ist die Krähe. Hier treffen sich Seele und Vogel und springen zusammen ins Jenseits. Ohne den Vogel läuft die Seele Gefahr, sich zu verirren und auf ewig unter Geistern und Nachtfaltern zu weilen.

Ab 2002 galt die 'Alala als in der Natur ausgestorben. 2016 wurden dreißig Vögel in den Wäldern ausgesetzt. Von ihnen überlebten jedoch nur fünf, die rasch wieder eingefangen wurden. Manche waren gestorben, weil sie auf ihre natürlichen Feinde nicht reagierten – aus der Luft bedroht sie vor allem der Hawaiibussard, der 'Io, der seinerseits gefährdet ist. Die Wälder, in denen sie zuvor gebrütet, Schutz gesucht und gejauchzt hatten, wurden für die Viehhaltung und die Ausbreitung des Menschen kahlgeschlagen, und nachdem die Vögel fort waren, begannen auch Dutzende auf Hawaii heimische Pflanzen zu verschwinden, die auf die Samenausbreitung durch die Krähen angewiesen sind. Die Versuche, die Vögel wieder auszuwildern, gehen zwar weiter und werden auch finanziell gefördert, aber die Chancen stehen schlecht. In Gefangenschaft aufgewachsene 'Alala-Männchen sind aggressiver und angriffslustiger, verstehen aber oft nicht die zur romantischen Zweisamkeit ermunternden Gesten potenzieller Partnerinnen. Durch Inzucht sind die Eierschalen der Vögel dünner und ihre Krallen kleiner geworden. Und selbst wenn sie in der Wildnis wieder Fuß fassen sollten, können ihnen dort keine schwatzenden, kreischenden Vögel beibringen, wie man als echte wilde Krähe lebt – sie werden anders sein. Zwar ist das nur eine einzige Art eines einzigen Vogels. Doch diese Vögel konnten Werkzeuge benutzen und so raffinierte Rufe austauschen, dass wir sie bislang nicht entschlüsseln konnten; so viel intelligentes Leben wird ausgelöscht. Wenn aber die 'Alala nicht gerettet wird, stirbt auch eine Geschichte, mit der die Menschen einander ausführlich und freundlich den Tod erklärt haben, und bei Ka Lae erwartet die Seelen keine Begleiterin mehr.

DER HASE

Hasen hielt man schon immer für Zauberwesen. Mit ihrer langbeinigen, bebenden Schönheit galten sie als wandelnder Liebestrank, lebender Talisman. Der griechische Sophist Philostratos warnte im 3. Jahrhundert seine Leserschaft, skrupellose Männer, »die ihren Lieblingen mit zwingendem Zauber nachstellen, entdecken im Hasen geheimnisvolle Verführungsmacht«. Plinius verbreitete, der Hase »als Speise genossen« könnte einen attraktiver machen: »[…] das Volk […] meint, er gebe neun Tage lang auch dem Körper ein angenehmes Äußeres, zwar eine alberne Spielerei, der dennoch bei einer solchen Meinung irgendeine Ursache zugrunde liegen muss«. Martial, der Urvater des Epigramms, schrieb der Adligen Gellia die bissigen Worte: »Wenn du mir einmal einen Hasen schickst, Gellia, dann sagst du: / ›Du wirst für sieben Tage schön sein, Marcus.‹ / […] wenn du, mein Augenstern, die Wahrheit sagst, / dann hast du, Gellia, selber nie einen Hasen gegessen.« Der Hase war Aphrodite geweiht, der Göttin der Liebe, und auf Tausenden griechischen Vasen ist Eros zu sehen, wie er Hasen quer über die Keramik jagt oder im Arm hält.

Dass der Hase dem Feld von Sex und Verlangen zugeordnet wird, geht teils auf die Annahme zurück, er sei erstaunlich fruchtbar. In seiner *Historia Animalium* behauptet

Aristoteles, Häsinnen könnten doppelt schwanger werden: Sie »vermehren sich und tragen zu jeder Jahreszeit«, eine sogenannte Superfetation (d.h. sie werden während der Schwangerschaft erneut befruchtet). Gut, Aristoteles hat auch behauptet, Aale würden spontan aus Schlamm entstehen, aber tatsächlich hatte er recht: Häsinnen können schwanger werden, wenn sie bereits schwanger sind. Ein Hase kann ein Weibchen in der Spätphase der Trächtigkeit erneut befruchten: Die Embryonen entwickeln sich dann im Eileiter, warten, bis die ersten Jungen ausgetragen sind, und sobald der Uterus frei ist, ziehen sie dort ein. Aufgrund dieser Zeitersparnis können Hasen während ein und derselben Paarungszeit rund 30 Prozent mehr Nachwuchs produzieren. So entstand womöglich der Eindruck, sie seien besonders geschickt in der Steuerung ihrer Empfängnis und daraus wiederum der Glaube, Körperteile des Hasen könnten der Verhütung dienen. Aetius, der im 6. Jahrhundert den kaiserlichen Hof von Konstantinopel in medizinischen Fragen beriet, schlug Frauen Folgendes vor: »Bilsenkrautsamen sammelt man vom Kraute ab […] und zerstößt ihn mit Eselsmilch und ein wenig Myrrhe und einem Samenkorn schwarzen Efeus […] und hüllt alles in ein Hasenfell […] und trägt es (stets) bei sich.« (Derselbe Aetius empfahl Frauen als alternative Verhütungsmethode, die Milchzähne kleiner Kinder in den Anus einzuführen, ein Rat, dem, so hofft man inständig, nie jemand folgte.)

Die Zauberkraft des Hasen rührte teils daher, dass man glaubte, er sei ein Hermaphrodit und könne willentlich zwischen zwei Welten wechseln. Der Rhetoriker Donatus nennt ihn im 4. Jahrhundert *»modo mas, modo femina«*, mal männlich, mal weiblich. Daher wurde er in der Antike zu einer Chiffre für homosexuelle Liebe: In einer Komödie des römisch-afrikanischen Dichters Terenz bekommt ein kecker junger Mann von einem anderen zu hören: »Was sagst du da, Unverschämter? Du bist doch ein Hase und suchst Fleisch.« Auf einem Tontopf aus dem Jahr 500 v. Chr. ist ein älterer Mann dargestellt, der einen jungen liebt: Er schenkt ihm einen lebenden Hasen, den der Jüngere betrachtet. Mit Hasen zauberte man Liebe herbei, hetero- wie homosexuelle: Legte man sie jemandem zu Füßen, lebendig, in der ganzen Schönheit ihrer zarten Züge, verscheuchten sie alle Zweifel.

Der lateinische Name des Hasen, *lepus,* stamme, so die Gelehrten der römischen Antike, von *lavipes* ab: Leichtfuß. Und weiß Gott, diesen Namen haben sie verdient. Ein Feldhase kann 80 Kilometer pro Stunde schnell werden und drei Meter weit springen: das Fünffache seiner eigenen Länge in einem einzigen Satz. Wenn man sieht, wie ein Hase einen Fuchs abhängt, wie er Haken schlägt, um dem Raubtier den Schwung zu nehmen, weiß man, dass man gerade Zeuge eines Wunders wird. Hasen werden mit offenen Augen und Fell geboren und sind bereit zum Sprint: Sie leben weitgehend allein und graben keinen Bau, sondern rasten in flachen Mulden, den Sassen. Nie ganz in Ruhe, stets in Bewegung. Die englische Redewendung »to kiss the hare's foot« (»den Hasenfuß küssen«), bedeutet, zu spät zum Essen zu kommen. *Brewer's Dictionary* erläutert sie so: »Der Hase ist schon weggelaufen, und man kann höchstens noch seinen Fußabdruck ›küssen‹.«

Aber um uns zu entkommen, sind sie natürlich nicht schnell genug. Innerhalb des letzten Jahrhunderts ist die Zahl der Hasen in Großbritannien um 80 Prozent zurückgegangen, unter anderem, weil unsere gnadenlose Zerstörung von Hecken ihnen den Rückzugsort geraubt hat: Von den 640 000 Heckenkilometern, die einmal England und Wales durchzogen, wurden zwischen 1985 und 1997 184 000 Kilometer herausgerissen und verbrannt. (Die Hecken, die es noch gibt, sind unseren Launen und Moden und unserer Fürsorge ausgeliefert: Und es reicht ein kurzer Blick in die Geschichte, um das Vertrauen in diesen Dreiklang zu verlieren. In Cambridgeshire wächst eine Hecke – Judith's Hedge –, die älter ist als die Kathedrale von Durham, älter als St James's oder Buckingham Palace: Schon mehr als neunhundert grüne, dornige Jahre bietet sie Lebewesen ein Zuhause. Wer sie roden wollte, müsste zuerst einen Antrag beim Gemeinderat stellen – aber viele jüngere Hecken genießen keinen derartigen Schutz. Vorschlag: Wer schon einmal von der Zerstörung eines solchen Rückzugsorts für Tiere profitiert hat, sollte den Rest seines Lebens auf einer Autobahnraststätte leben müssen.) Außerdem sind Hasen das einzige Wild, das in England das ganze Jahr über legal gejagt werden darf. Selbst während ihrer Paarungszeit, wenn die Weibchen auf Wiesen und Feldern gegen ihre Verehrer boxen, jagen wir sie und erschießen ganze

Horden von ihnen: bis zu 300 000 Hasen pro Jahr. Machen wir uns doch mal klar, dass wir vielleicht gerade den Osterhasen ermorden. Der war seit jeher ein Hase, auch wenn er heute häufig an ein Kaninchen erinnert, und er war, so das Gerücht, das heilige Tier der Frühlingsgöttin Eostre – kein kitschig-süßes Fellbündel also, sondern der Eostre-Hase!

Manche Hasen waren auch Hexen, Feenwesen. Im Kinderbuch *Das kleine weiße Pferd* von Elizabeth Goudge – geschrieben in dem Jahr, als der Zweite Weltkrieg zu Ende ging – dreht sich alles um Zuckerkekse und wunderschöne Dinge, und der Hase ist der Schönste von allen. Sie sind, so erklärt es ein Junge, nicht mit Kaninchen zu verwechseln: »Ein Hase dagegen ist etwas ganz anderes. Er ist kein Haustier, sondern eine Persönlichkeit. Hasen sind klug, tapfer und anhänglich und haben Feenblut in den Adern.« In einer keltischen Legende jagt der Krieger und Dichter Oisín einen Hasen und verletzt ihn am Bein: Er folgt ihm durch dichtes Dornengestrüpp und findet eine Tür, die unter die Erde führt. Er gelangt in eine große Halle und trifft dort auf eine schöne Frau, die aus einer Wunde am Bein blutet. Diese Geschichte scheint eng verwandt mit der Anklage aus einem historischen Hexenprozess, bei dem 1663 eine alte Frau namens Julian Cox vor Gericht stand. Laut Zeugenaussage hatte sich Folgendes zugetragen:

> *Ein Jäger schwor, er sei mit einer Meute Hunde auf die Hasenjagd gegangen und habe schließlich in der Nähe des Hauses der Julian Cox eine Häsin aufgescheucht: Die Hunde jagten dicht hinter ihr her […], bis dass der Jäger schließlich die Häsin erblickte, wie*

sie fast gänzlich erschöpft auf ein Gebüsch zurannte, worauf er zur anderen Seite des Gebüschs lief, um sie dort aufzunehmen und vor seinen Hunden zu bewahren, doch sobald er ihrer habhaft wurde, erwies sie sich als Julian Cox. [...] Da er sie kannte, erschrak er so sehr, dass ihm das Haar zu Berge stand, und doch sprach er sie an und fragte sie, wie sie denn dorthingekommen; doch sie war so sehr außer Atem, dass sie ihm keine Antwort zu geben vermochte [...] Alsbald ging der Jäger mit seinen Hunden zu Tode erschrocken nach Hause.

Sie waren also nicht nur schön, sondern auch gefährlich. Ein 1875 erschienenes Buch über den Volksglauben berichtet, der Hase werde eng mit kommendem Unheil in Verbindung gebracht. Komme man an einem Hasen vorbei, wurde dazu geraten, den Spruch aufzusagen: »Hase voraus, Ungemach droht: Wandle dich, fort! Erlös' mich.« Das mittelenglische Gedicht *Der Name des Hasen* führt die siebenundsiebzig Pseudonyme dieser Kreatur auf, die man aufsagen soll, wenn man ihr begegnet, um Unheil von sich abzuwenden: Nur wenige schmeicheln dem Hasen. Laut Seamus Heaneys Übersetzung nenne man ihn unter anderem:

Den Kriecher, den Sitz-still-und-leis
den Kurzschwanz, den Rings-im-Kreis,
den Spring-hinweg,
den Herzensschreck,
den Weißen Wanst,

den Lämmertanz.
Den Dämlack, den Sabberer
den Mach-mir-Angst, den Bund-Brecher,
den Schnüffler, den Kahlkopp
(doch meist heißt er Spitzbub)

Dämlack oder Bund-Brecher waren natürlich eher Schimpfworte der Bauern – aber auch für heilig hat man die Tiere einmal gehalten. Das Drei-Hasen-Motiv taucht an heiligen Stätten im Fernen Osten ebenso auf wie in Kirchen überall in ganz Europa: drei Hasen, die im Kreis springen und sich ihre Löffel jeweils mit den beiden anderen teilen. Hasen tauchen überdies schon lange in Marienbildern an der Seite der Jungfrau auf. (Paradoxerweise haben wir sie sowohl als Sinnbild für Sex als auch für Jungfräulichkeit betrachtet: Ihre Fruchtbarkeit galt eine Zeit lang als so ausgeprägt, dass sie sich auch ohne Partner fortpflanzen konnten.) Die rennende Hasengestalt in den Gewölben von Kirchen symbolisiert die heilige Dreieinigkeit: die Einheit der Drei, drei in Einem, der unbewegte Bewegende in ewiger Bewegung.

Wenn Schönheit allein ausreicht, um geliebt zu werden – und das glauben wir seit Langem –, dann sollten wir den Hasen mehr lieben als nahezu jedes andere Wesen. Je näher man ihm kommt, desto schöner wird er: Manche der zweiunddreißig Hasenarten, etwa der Burmesische Hase, haben einen rötlich-grauen, silbern schimmernden Ton, andere, wie der Tibetanische Wollhase, die Farbe von frischem Stroh; der Indische Hase hat im Nacken einen schwarzen Fleck wie ein Haarband. Die Schneehasen im Norden der britischen Insel tragen in der kalten Jahreszeit ein kräftiges

Weiß: echtes Weiß, denn es ist nur für die Dauer des Winters, nicht das schmutzige Weiß der meisten ganzjährig weißen Wesen. Sie haben großartige Beine, wie Olympioniken, und ihre Ohren mit den schwarzen Spitzen, ausgekleidet in seidigem Rosa und so dünn, dass das Gegenlicht durchscheint, lassen die eines Kaninchens winzig erscheinen. Auf der Flucht sieht man sie fliegen wie Fahnen über dem Schlachtfeld, stets sind sie gestreckt. »Die Waldkatze« nennt Heaney ihn, »den Kohlhirsch«. Wenn es Magie auf dieser Welt gibt, lebt ein Teil davon in ihm. Falls du dies also liest, mein liebster Schatz: Ich brauche weder Blumen noch Schmuck. Bring mir bitte einen Hasen.

DER WOLF

Im 17. Jahrhundert wurden Woche für Woche die Todesursachen der verstorbenen Londoner in einer Tabelle festgehalten, der sogenannten *Bill of Mortality*. Darunter finden sich abenteuerliche Ursachen, und manche werfen viele Fragen auf. »Erschreckt«, »Brand«, »Zähne«, »tot auf der Straße«, »von Läusen gefressen«, »Kropfbeschwerung«. Eine Ausgabe von 1650 vermerkt in acht Fällen »Wolf«. Es ist sehr verführerisch, sich vorzustellen, wie ein mit Fangzähnen bewehrter Schatten sich an Bierhallen vorbei durch die Drury Lane schleicht, doch der Name »Wolf« bezeichnete damals einen weitaus tödlicheren Killer. Im Jahr 1615 schrieb ein Geistlicher über »eine Krankheit in der Brust, genannt der Krebs, gemeiniglich der Wolf«. In einer Übersetzung der Schriften des französischen Chirurgen Pierre Dionis war zu lesen: »'s ist eine Krankheit, welche nicht allein die Brust angreift, sondern auch einige andere Körperteile, und dies nicht weniger grausam. Sie ist bekannt unter verschiedenen Namen; betrifft sie aber die Beine, wird sie der Wolf genannt, denn sich selbst überlassen vergeht sie nicht, bis sie diese verschlungen.«

Die Bezeichnung »Wolf« schlich sich auf leisen Pfoten in die Vorstellungswelt der Menschen: So tief prägte sich dort die Verbindung zwischen Wolf und Krebsleiden ein, dass der

Arzt Daniel Turner von einem berühmten Krebsdoktor berichtete, der eine Frau angeblich von ihrem Krebsgeschwür befreit habe: »Ein solches [Lügenmärchen] wurde mir vor Kurzem von einer Frau zugetragen, die schwor, […] wenn man ein Stück rohes Fleisch in einiger Entfernung von dem Geschwür hochhalte, schaue dort der Wolf heraus, strecke den Kopf vor und schnappe danach.« Dieses Bild – dass aus dem Leib der Frau tatsächlich ein Wolf hervorschaut wie der Maulwurfskopf beim *Whac-A-Mole* – zeigt, bei all seinem Aberwitz, welches Potenzial in unseren Metaphern steckt: Wir fangen an, sie wörtlich zu nehmen. Das medizinische Werk *The Booke of Physicke* aus dem Jahr 1599 riet für die Heilung von Krebs zu getrockneter und zerriebener »Wolfszunge«. Wenn wir unsere Sprache im übertragenen Sinn benutzen, gewinnt sie eine märchenhafte Macht über uns: Wir zaubern mit ihr, und sie ergreift Besitz von uns.

Schon sehr früh haben wir beschlossen, dass Wölfe unehrlich, räuberisch und unmoralisch sind: doppelzüngig und hungrig. Das kommt aus der Bibel: Die Idee vom reißenden Wolf zeigt sich im Englischen zum ersten Mal im

Evangeliar von Lindisfarne, einer Übersetzung des Neuen Testaments: *Heonu ic sendo iuih suæ scip in middum vel inmong uulfa'* (»Siehe, ich sende euch wie Schafe mitten unter die Wölfe« [Matthäus: 10,16]). Als William Caxton, der die Druckerpresse in England einführte, 1483 eine Auswahl aus den Fabeln des Aesop veröffentlichte, entschied er sich für drei Wolfsgeschichten. Das passte gut in die Zeit: Wölfe waren im frühen Britannien eine Plage, vor allem wenn man ein Schaf war oder eines besaß. Die normannischen Könige des 11. und 12. Jahrhunderts hatten spezielle Diener, deren Aufgabe es war, Wölfe zur Strecke zu bringen. Verbrecher konnten der Todesstrafe entgehen, wenn sie sich als Wolfsjäger verpflichteten, und unter dem Vieh wüteten die Tiere so maßlos, dass Edward I. sogar die Ausrottung der Wölfe in ganz England anordnete. Er hatte weitreichenden Erfolg: Die letzte Erwähnung wildlebender Wölfe in England stammt offenbar aus dem Jahr 1290; damals machte einer ein Wildgehege unsicher. Um 1300 wurde ein englischer Arzt den mittelalterlichen Vorläufern des Zolls vorgeführt, weil er versucht hatte, zu medizinischen Forschungen »vier verweste Wölfe« ins Land zu bringen: Zu Hause konnte er da schon keine mehr bekommen.

Aber in Schottland mit seinen Bergen und unberührten Landschaften gab es noch viele. Unter James II. von Schottland wurde 1457 ein Gesetz verabschiedet, das die Feudalherrn verpflichtete, das gemeine Volk dreimal im Jahr zur Wolfsjagd anzuspornen, und wer dem Aufruf nicht folgte, wurde seinerseits aufgespürt und bekam eine Geldstrafe. 1563 ging die 21-jährige schottische Königin Maria Stuart jagen und erlegte zwar unter anderem fünf Wölfe, riss damit aber keine große Lücke in die Population. Der große britische Chronist Raphael Holinshed schrieb, unter Maria Stuart seien Wölfe so gefährlich geworden, dass man Schutzhütten für Reisende errichtete, sogenannte *spittals,* die teils heute noch stehen. Im 16. Jahrhundert erschien im *Book of the Dean of Lismore* die englische Übersetzung eines gälischen Gedichts, ein einziger Ruf nach Bestrafung der Tiere durch Gott:

Eine schändliche Wolfsschar geht um im Lande
Dort bei der Wiese von Arthur's Burn;
O Herr, verdamme die Scheusale zu ewiger
Schande
Verflucht soll'n sie sein von der Macht deiner
sanften Hand […]

Dennoch haben sie ihren Ruf nicht verdient: Ja, sie fressen unsere Schafe, und damals, als oft noch Kinder die Herden hüteten und die Tollwut Wölfe mutiger machte, fraßen sie gelegentlich auch unseren Nachwuchs, aber sie sind ebenso wenig verschlagen oder böse wie Löwen, Tiger oder Bären. Sie sind schlicht mittelgroße Raubtiere, aber wir weigern uns, sie mit ruhigem Blick zu betrachten. Wir brauchten ein Symbol als Gefäß für unsere Angst und unser Misstrauen gegenüber der Welt und haben den Wolf gewählt – mit Leidenschaft und Hingabe. Ein Beispiel: Die erste Verwandlung im Werk des römischen Dichters Ovid ist auch die scheußlichste und zugleich eine der ersten fiktionalen Darstellungen eines Werwolfs. Schon immer war es diese Geschichte, die ich, als widerborstiges Kind, am meisten von allen *Metamorphosen* geliebt habe. König Lykaon ermordet einen als Geisel gehaltenen Knaben und »ließ die zuckenden Glieder zum Teil in siedendem Wasser / kochen sodann und zum Teil sie braten über dem Feuer«, dann serviert er sie Zeus. Diese Art der kulinarischen Rache kommt in der Mythologie so oft vor, dass man glauben könnte, die Götter müssten irgendwann vorsichtiger geworden sein, nicht aber Zeus. Als er herausfindet, was er da gegessen hat, lässt er einen Blitz in Lykaons Palast einschlagen und verbannt ihn in die Wildnis. »Als er Feldes Stille erreicht hat, / heult er hinaus: zu reden versucht er umsonst. […] / Borsten ergibt das Gewand, zu Schenkeln werden die Arme. / Wolf wird er so und bewahrt die Spur seiner alten Erscheinung: / gleich ist des Haares Grau und gleich der grimmige Ausdruck.« Die Verwandlungen des Ovid bringen auf gewisse Weise stets eine Wahrheit ans Licht, und bei Figuren, die Wölfen gleichen, ist diese Wahrheit ihre hinterhältige Brutalität. (Ovid war zu seiner Zeit ausgesprochen populär, woraus sich schließen lässt, dass seine Zeitgenossen ganz seiner Meinung waren.)

Schon immer mochte ich ganz besonders die Wölfe aus den Märchen, weil sie von all den Begierden erzählen, die wir sonst zu verbergen suchen: wie groß unsere Augen sind, unsere Zähne und unser Verlangen. In dem russischen Märchen *Iwan Zarewitsch und der Graue Wolf*, das sogar noch wahnsinniger und schwindelerregender ist als die meisten anderen, begegnet der Zarensohn Iwan einem Wolf, der sein Pferd frisst und ihm vorschlägt, auf seinem Rücken zu Ruhm und Ehre zu reiten. Später, auf einer Hochzeit, verwandelt sich der Wolf in eine Prinzessin – in manchen

Varianten frisst er zudem einige der Gäste. Eine echte Märchenhochzeit ist also, anders als die meisten königlichen Hochzeiten in Großbritannien, keine Bekräftigung einer staatlichen Institution mittels Orgelmusik und ausladenden Kleidern. Bei einer wahren Märchenhochzeit kämen vielmehr geheime Begierden zum Vorschein: etwa indem der alternde Prinz, der es satt hat, auf den Thron zu warten, sich in einen Wolf verwandelt und die Königin frisst.

Vielleicht wäre es besser gewesen, wenn wir auf der Suche nach einem Sinnbild für unser maßloses Verlangen bei Drachen geblieben wären. Der Wolf hat einen Ruf, der fast zu seiner Vernichtung geführt hätte. 1908 wurde der Florida-Rotwolf ausgerottet; die Unterart *Canis lupus gregoryi*, ein schlankes gelbbraunes Geschöpf, starb 1980 aus. Wir haben Wölfe noch gejagt, als sie für uns schon längst keine Lebensgefahr mehr waren: Da die Tollwut heute nur noch selten vorkommt, ist die Wahrscheinlichkeit, von einem Wolf angegriffen zu werden, für Menschen verschwindend gering. Tatsächlich sind es scheue, vorsichtige Tiere: Sie wären grauenhafte Wachhunde, weil sie vor Fremden zuallererst fliehen und sich verstecken. Ein Wolf kann zehn Kilogramm Fleisch auf einmal fressen, aber nicht der Mensch ist sein Leibgericht, sondern Elch oder Hirsch, und darüber hinaus mag er Melonen, Feigen, Beeren und Getreide. Also ja: Wölfe haben einen kolossalen Appetit, aber eben nicht auf uns.

Langsam jedoch ändert sich unser Bild von ihnen. In ganz Europa steigt ihre Zahl wieder, und derzeit durchstreifen 12 000 Exemplare den Kontinent. Ich weiß nicht, ob die aktuellen Debatten über ihre Wiederansiedlung in

Schottland von Erfolg gekrönt sein werden – einfach wäre das Projekt nicht, und nur im Rahmen einer landesweiten Neubewertung des Ökosystems wäre es überhaupt möglich. Doch wenn es dazu käme, könnte das einen fruchtbaren Wandel einleiten. Schon früher haben Wölfe wahre Wunder gewirkt: Im Yellowstone Nationalpark wurden sie in den 1970er-Jahren ausgerottet, 1995 aber wieder angesiedelt. Zehn Jahre später war die Hirschpopulation auf die Hälfte zurückgegangen und ohne die Laub und Triebe fressenden Wapitihirsche gediehen Espen, Weiden und Pappeln. Wer einen gesunden Wald großziehen will, setze einfach einen Wolf.

Wir haben sie beobachtet und krampfhaft Vermutungen angestellt – doch unsere Vermutungen waren meistens falsch. Der Mond zum Beispiel ist ihnen eigentlich egal, denn nicht den Nachthimmel heulen sie an, sondern ihre Artgenossen. Durch ihre Rufe stehen sie miteinander in Verbindung: Sie heulen, um sich zum Jagen zu versammeln, um vor Gefahren zu warnen, um einander wiederzufinden bei Sturm und Eis. (Ich habe mal einen heulen gesehen: Sie heben den Kopf, und kurz bevor sie losheulen, sehen sie aus wie ein Kind, das gleich die Kerzen seines Geburtstagskuchens ausbläst.) Das Heulen kann mehr als 100 Quadratkilometer weit tragen, und an einem ruhigen Tag vermögen sie unsere Schritte auf freiem Gelände aus bis zu 15 Kilometern Entfernung zu hören. Sie haben ein komplexes, hierarchisch gegliedertes Sozialleben: Da die untergeordneten Männchen sich nicht paaren, bezeichnet »Alpha-Wolf« diejenigen, die Väter werden. (Sollte demnächst ein Mann mit seinem »Alphastatus« prahlen, erklären Sie es ihm: Es bedeutet nichts weiter, als Vater zu sein.)

Ausgefeilt ist auch ihre Kommunikation: Wölfe gehören zu den wenigen Tieren, die durch ihren Gesichtsausdruck Informationen übermitteln. Sie lassen sich grob übersetzen: Ohren flach nach hinten angelegt, Schwanz zwischen den Beinen: »Don Corleone, ich fühle mich geehrt und dankbar, dass Sie mich eingeladen haben zur Hochzeit Ihrer lieben Tochter. Und ich hoffe, ihr erstes Kind möge ein männliches Kind sein.« Ohren nach vorne gedreht und Schwanz gestreckt; aufrechte, dominante Haltung: »Die Kanone bleibt drin, die Cannoli kannst du mitnehmen.« Ohren gesenkt und zur Seite gedreht, Zähne gebleckt und Schnauze gerunzelt: »Ich mache ihm ein Angebot, das er nicht ablehnen kann.«

Einmal habe ich an der Grenze zu Wales eine halbzahme Wölfin getroffen. Sie sah einem Hund viel weniger ähnlich, als ich erwartet hatte: Sie hatte Muskelpakete unter der Haut, die man von Hunden nicht kennt. Sie war präzise in ihren Bewegungen, kontrolliert; mit den Zähnen konnte sie eine einzelne Brombeere vom Busch pflücken. Sie roch ganz anders als ein Hund, nämlich nach Staub und Blut. Ihr Fell, so dick, dass sie bei -40 Grad Celsius bequem schlafen kann, knisterte, als ich sie berührte. Sie war buchstäblich elektrisch. Sie wollte mir nicht in die Augen schauen. Wölfe gleichen den Märchen, in denen sie umherstreifen: Sie sind unberechenbar und ergreifen für niemand Partei.

DER IGEL

Plinius der Ältere war kein angenehmer Zeitgenosse. Seinen Neffen, Plinius den Jüngeren, rügte er dafür, zu Fuß zu gehen, statt sich tragen zu lassen, denn so verschwende er wertvolle Stunden, die er mit Lesen verbringen könnte. Im Jahr 77 jedoch widmete er sich in seiner *Historia Naturalis* dem Igel und schuf so eine der niedlichsten Legenden der Naturgeschichte. »Auch die Igel«, schrieb er, »sammeln Wintervorrat; sie wälzen sich auf abgefallenen Baumfrüchten, spießen sie so auf ihre Stacheln, nehmen noch eine davon ins Maul und tragen sie in hohle Bäume.« Isidor von Sevilla griff die Idee auf und behauptete, Igel würden auf ihren Stacheln Weintrauben sammeln, um sie zu ihren Jungen zu tragen. Charles Darwin schrieb 1867, wie er aus verlässlicher Quelle wisse, könne man in den Bergen Spaniens Igel antreffen, »die mit wenigstens einem Dutzend auf ihren Stacheln aufgespießten ›Erdbeeren‹ dahertrotten […] und die Früchte zu ihren Löchern tragen, wo sie sie in Ruhe und Sicherheit verzehren«.

Auf der Liste der vielen wilden Fabeleien, die wir gern für wahr hielten, steht diese ganz weit oben. Tatsächlich fressen Igel weder Früchte – sie bevorzugen Käfer, Würmer, Eier und kleineres Aas – noch sammeln sie Nahrung für den Winter, und es ist auch nirgends belegt, dass sie ihre Stacheln als Cocktailspieße verwenden. Gleichwohl sind sie bemerkenswerte Tiere: Durch ihren Platz in der Geschichte, ihre Überlebensfähigkeiten und ihre zarte, gebildet wirkende Schönheit. Jeder Igel besitzt rund 6000 hohle Stacheln, nussbraun am Ansatz, in der Mitte schwarz und an der Spitze schneeweiß. Werden Igel bedroht, rollen sie sich zu einer undurchdringbaren Kugel zusammen, die fast alle anderen Tiere abschreckt, außer Dachse und uns: Plinius schreibt, man könne sie wieder entrollen, indem man sie mit kochendem Wasser begieße, was – anders als seine Ausführungen zur Igelnahrung – offenbar stimmt.

Aristoteles behauptete, Igel würden bei der Paarung auf den Hinterbeinen stehen, Bauch an Bauch, um sich nicht gegenseitig zu stechen. Tatsächlich aber paaren sie sich wie andere vierbeinige Säugetiere auch, wenngleich der Vorgang anstrengender ist als für die meisten anderen: Es ist nichts Ungewöhnliches, dass das Weibchen sich mitten im Akt davonmacht, worauf das Männchen sich mühsam auf den Hinterbeinen haltend langsam ihren stacheligen Rücken herabgleitet. Daher der alte Witz: Wie paaren sich Igel? Ganz, ganz vorsichtig. Wenn nach zweiunddreißig Tagen Tragezeit die Jungen zur Welt kommen, sind sie ganz weich und rosarot, mit einer dünnen Hautschicht über den Stacheln, die sie aber gleich nach der Geburt durchbrechen. Innerhalb von zehn Tagen haben die Jungen gelernt, wie man sich zusammenrollt, innerhalb von vierzehn öffnen sie ihre Augen und bekommen ihren typischen Gesichtsausdruck: höfliche, elegante Neugier.

Seit Menschengedenken beschäftigen wir uns mit dem Igel: Wir haben ihn in unseren Fabeln auftreten lassen und von ihm die Linderung unserer Leiden erwartet. 1693 veröffentlichte der Arzt William Salmon das Rezept eines Heilmittels gegen Kahlköpfigkeit, bei dem das Fett eines Igels mit dem eines Bären zu vermischen war, um es auf die Kopfhaut aufzutragen. Bliebe das ohne Erfolg, so sei er zuversichtlich, dass Igelkot eine ähnliche Wirkung habe. Mit derartigen Überlegungen war er nicht der Erste: Im *Papyrus Ebers,* entstanden etwa 1550 v. Chr., wird gegen Haarausfall ein Amulett in Form eines Igels empfohlen. Seine Haut und seine Stacheln galten im Laufe der letzten zweitausend Jahre als Mittel gegen Zahnschmerzen, Nierensteine, Durchfall, Erbrechen, Fieber, Taubheit, Infektionen des Harntrakts, Lepra, Elephantiasis und, recht häufig, gegen Impotenz. Im lettischen Volksglauben steht der Igel für Regeneration und Fruchtbarkeit. Lettische Hochzeitslieder bezeichnen die Braut als »Igelin« und verheiratete Frauen als »Igelmütter«.

Nicht nur als Medizin haben wir ihn verwendet. In Roma-Familien wurde der Igel in Lehm gehüllt und über dem Feuer gebraten. Nach dem Abkühlen brach man die Lehmhülle auf, in der die Stacheln stecken blieben. Das Kochbuch *Ménagier de Paris* von 1393 riet, dem Igel zuerst die Kehle durchzuschneiden, danach werde er »abgesengt und ausgenommen, anschließend wie ein Hühnchen dressiert, dann in einem Handtuch ausgedrückt, bis er sehr trocken ist und schließlich gebraten und mit Kamelinsoße« – zubereitet aus Brot, Wein, Essig, Zimt und Ingwer – »oder in einer Pastete mit Wildentensoße« gegessen. Eine Freundin von mir hat schon einmal einen Igel gefangen und gegessen: Er schmecke, sagt sie, wie magersüchtiges Kaninchen.

Selbst heute, da sie in den meisten Teilen der Welt geschützt sind, tun wir uns schwer damit, sie in Ruhe zu lassen. In Tokio gibt es Cafés, in denen man einen Igel für ein Foto in Hut und Handtasche einkleiden kann. Ich bin in einem solchen Laden gewesen: Die Igel in ihren Filzhütchen werden dort zwar behutsam behandelt, sie sehen aber nicht so aus, als fühlten sie sich sonderlich wohl.

In England, wo sie ohne Hut und Accessoires unterwegs sind, geht ihre Zahl zurück, und das seit Jahrzehnten. Schuld sind unter anderem der Heckenschwund, riesige freie Felder ohne Unterschlupf sowie der Straßentod durch Autos. Zusätzlich schrumpft aufgrund des massenhaften Einsatzes von Pestiziden und des Klimawandels die Anzahl ihrer Beutetiere, der Insekten. Obwohl Zehntausende Bürger und Bürgerinnen zugesichert haben, ihre Gärten igelfreundlicher zu machen (etwa indem sie im Zaun einen untertassengroßen Durchgang lassen, damit die Tiere umherstreifen können), sind derzeit nur knapp eine Million übrig – das ist verglichen mit den 30 Millionen, die es in den Fünfzigerjahren in Großbritannien gab, ein Rückgang von 97 Prozent. 30 Millionen ist weitaus mehr als die aktuelle Anzahl der britischen Tauben. Als meine Eltern jung waren, gab es überall Igel; ihre stachelige Schönheit war allgegenwärtig.

2015 hielt der konservative Abgeordnete Rory Stewart vor einem weitgehend leeren britischen Unterhaus eine leidenschaftliche Rede über Igel. Es sei, sagte er, das erste Mal seit 1566, dass man im Parlament über Igel debattiere. (Ganz richtig lag Stewart damit nicht: In den 1650er-Jahren attackierte Sir Richard Onslow König Charles I. wegen seiner Außenpolitik und sagte, er habe sich »in sein eigenes

Borstenkleid gehüllt« wie ein Igel – doch das war natürlich nur eine Randbemerkung.) Nach der Debatte von 1566 wurde beschlossen, ein Kopfgeld von zwei Pennys auf Igel auszusetzen: Sie würden nachts, glaubten die Bauern, die Milch ihrer Kühe trinken, und so wurden bis zu zwei Millionen Igel getötet und abgegeben.

Das war ein weiterer Irrtum: Igel haben eine Laktoseintoleranz, und Milch kann sie umbringen. In Wirklichkeit ziehen sie Insekten und Wasser vor: Im 19. Jahrhundert wurden sie in manchen Küchen zur Schädlingsbekämpfung gehalten und vernichteten dort die Schaben. Sie sind eigenartig zäh und empfindlich zugleich: Gegenüber den meisten Schlangengiften sind sie immun, aber manchmal leiden sie an dem sogenannten Ballon-Syndrom. Ihre Glottis am oberen Ende der Luftröhre kann sich beim Öffnen und Schließen verklemmen, sodass sich unter der Haut Luft ansammelt, die nicht mehr entweichen kann. Dabei kann sich ein Igel auf mehr als seine doppelte Größe aufblähen und muss wie ein Ballon punktiert werden, damit die Luft wieder austritt. Im Herbst steigt zudem die Gefahr, dass Igel in den Holzstößen für die Feuer der Guy Fawkes Night Wohnung beziehen und am 5. November bei lebendigem Leib verbrennen.

Wenn Igel uns nicht so vertraut wären – wenn sie nur im Yosemite Nationalpark oder im Okavango Delta vorkämen –, würden wir sicher Tausende Kilometer weit reisen, um sie zu beobachten, bezaubernd wie sie sind. Wir leben in harten Zeiten, und die Welt steht bereits in Flammen. Zumindest könnten wir darauf achten, eines der intelligentesten und freundlichsten Geschöpfe dieser Welt nicht länger in Brand zu setzen.

DER ELEFANT

Im Jahr 1870 belagerte die preußische Armee Paris. Angesichts der mächtigen französischen Verteidigungsanlagen beschlossen die Preußen unter Wilhelm I., nicht zu kämpfen, sondern die ringsum abgeriegelte Stadt durch Aushungern der Bewohner zur Aufgabe zu zwingen. Der Hunger brachte die Bevölkerung zur Verzweiflung und machte sie zugleich erfinderisch. Für eine Ratte, geräuchert und mit Gewürzen verfeinert, bekam man zwei Francs, eine Katze war bisweilen zwölf wert. Der Besitzer eines Delikatessenladens, der Boucherie Anglaise am Boulevard Haussmann, hatte ein Auge auf zwei Elefantenmännchen geworfen und wandte sich an den Zoo. Man wurde sich einig, und Castor und Pollux wurden für 27000 Francs verkauft. Weil niemand Erfahrung mit dem Schlachten von Elefanten hatte, wurde ein Scharfschütze beauftragt, sie durch Sprenggeschosse mit gehärteter Stahlspitze zu töten. Sie wurden gehäutet und zu enormen Preisen an die reichsten Pariser Bürger verkauft. Henry Labouchère, ein englischer Politiker und Theaterbesitzer, schrieb in seinem *Tagebuch eines Belagerten:* »Gestern habe ich ein Stück Pollux gegessen. Pollux und Castor sind ein getötetes Elefantenbrüderpaar. Das Fleisch war zäh und ölig. Englischen Familien kann ich nicht empfehlen, Elefant zu essen, solange sie Rindfleisch oder Hammel bekommen können.«

Die Rüssel von Castor und Pollux, die zartesten Stücke, wurden als Delikatesse für 40 Francs das Pfund verkauft. Die ausgehungerten Bürger verzehrten, ohne es zu wissen, ein wahres Wunder. Der Rüssel eines Elefanten hat sich einst aus Oberlippe und Nase des Tieres entwickelt und ist mit 40 000 Muskeln bestückt (wir haben im ganzen Körper ungefähr 650). Er mag wie ein unhandliches, unberechenbares Anhängsel aussehen, doch der Elefant benutzt ihn mit gekonnter Gelassenheit: Mit seiner Spitze kann der Afrikanische Elefant einen einzelnen Grashalm greifen, aber auch 350 Kilo heben oder einen Menschen in der Luft herumschleudern. Dank seiner 2000 Geruchsrezeptoren (Bluthunde haben armselige 800) kann er Wasser aus mehr als drei Kilometern Entfernung riechen. Eine kleine Gruppe Afrikanischer Elefanten in Angola ist darauf trainiert worden, Landminen aufzuspüren. In tiefen Flüssen setzen Elefanten ihren Rüssel als Schnorchel ein, indem sie unter Wasser waten oder schwimmen, während sie vorsichtig die Rüsselspitze über der Oberfläche halten. Und es ist auch der Rüssel, der ihnen ihr großartiges, wildes Trompeten ermöglicht, wenn sie sich fürchten, aufgeregt sind oder Streit suchen.

Ihre bemerkenswertesten Geräusche hingegen erzeugen Elefanten nicht mit dem Rüssel allein. Sie gehören zu den sehr seltenen Lebewesen – die berühmtesten darunter sind Wale –, die mit so tiefen Tönen kommunizieren, dass ihre Frequenz unterhalb des menschlichen Hörvermögens liegt. Je geringer die Frequenz einer Schallwelle, desto weiter breitet sie sich aus. Die Infraschall-Laute, die Elefanten mit ihrem enormen Kehlkopf hervorbringen, sind so tief, dass sie noch in zehn Kilometern Entfernung von anderen gehört werden. Manche ihrer Infraschallwellen werden über den Boden übertragen, sodass Herden, die Hunderte von Kilometern entfernt sind, sie mit den Füßen spüren – so können Elefanten einander während der Paarungszeit über riesige Distanzen hinweg ausfindig machen. Wenn es für uns so aussieht, als stünde ein Elefant still und gedankenverloren da, tauscht er sich womöglich gerade mit anderen über Raubtiere, Wasservorkommen oder Sex aus – ein durch Evolution entstandener Wildnis-Telegraf.

Der Rüssel eines Elefanten ist zugleich sein wunder Punkt. Seit dem Jahr 77 haben wir immer wieder die Ansicht verbreitet, Elefanten hätten Angst vor Mäusen, da diese im Rüssel hochklettern und sich dort einnisten könnten. Im Jahr 1601 schrieb John Donne ein Gedicht über solch einen niederträchtigen Nager, der den Rüssel hinaufsteigt und das Gehirn des Elefanten frisst:

Das Glanzstück der Natur, ein Elefant
(als einz'ger Riese harmlos), der Gigant
Des Tierreichs […]
Gleich einem losen Bogen lag
Nachlässig hingestreckt sein sehn'ger Rüssel und
Hinein, als wär's ein Rundgang, eine Maus
Marschierte, sah sich um im Riesenhaus
Und dort im Hirn, der Seele Kammer, biss
Sie durch den Lebensstrang. Gleich einer Stadt
Tief unterhöhlt, knickt' ein das Tier, schachmatt!

In Wirklichkeit fürchten sich Elefanten überhaupt nicht vor Mäusen, es sei denn, es überrascht sie eine im Halbdunkel – doch schreckliche Angst haben sie vor Bienen. Bienen fliegen tatsächlich in ihren Rüssel und stechen in dessen weiches Gewebe. Es wurden schon Elefanten beobachtet, die mit flatternden Ohren und vor Wut und Schmerz trompetend vor Bienenschwärmen flohen. Auf diese Furcht setzt eine neue Strategie, die in Ländern des südlichen Afrikas mit Erfolg überall dort zur Anwendung kommt, wo Elefanten der Landwirtschaft in die Quere kommen und Konflikte zwischen Mensch und Dickhäuter entstehen. Man stellt Bienenstöcke am Rand der Felder auf: Die Bienen bewachen die Ernte, die Elefanten suchen ihre Nahrung an anderer Stelle, und die Dörfer erhalten reichlich Honig.

Plinius – der keineswegs für seine Sentimentalität bekannt war – zählte Elefanten zu den süßesten Geschöpfen der Natur. »Dieses Tier soll gegen weniger starke Tiere eine solche Schonung zeigen, dass es, wenn ihm eine Herde Kleinvieh begegnet, die ihm im Weg Stehenden mit dem Rüssel auf die Seite schiebt, um sie nicht unvorsichtig zu zertreten.« Plinius' Theorie hat einen wahren Kern: ihre Behutsamkeit und ihre Fürsorge. Kehren Elefanten zu ihrer matriarchalisch geführten Herde zurück, werden sie mit feierlichen Umarmungen empfangen, und Rüssel werden unter freudigem Schnauben miteinander verschlungen. Treffen sie auf die Knochen von Artgenossen, ehren sie die Toten, indem sie Schädel und Stoßzähne sanft mit dem Rüssel oder einem ihrer riesigen, schweren Füße berühren. Man hat auch beobachtet, wie sie die Toten ihrer Herde be-

graben, indem sie sie gemeinsam mit Erde und bunten Blättern bedecken und die Leichen mit Früchten und Blumen schmücken.

Kein Lebewesen an Land ist so groß wie ein Elefant – sie sind die größten von uns. Das mächtigste dokumentierte Exemplar war ein männlicher Afrikanischer Elefant aus Angola mit vier Metern Schulterhöhe, der 11 000 Kilogramm wog (das ist so schwer wie ein Müllwagen, der mit einem Getränkeautomaten und einem Konzertflügel beladen ist). Der Asiatische Elefant mit seinem doppelkuppligen Schädel und seinem fügsameren Wesen ist kleiner, aber immer noch von gewaltiger Größe: Ein durchschnittliches Männchen erreicht 2,70 Meter und könnte damit Robert Wadlow, dem größten Menschen aller Zeiten, in die Augen schauen. Und dann gibt es noch den Borneo-Zwergelefanten, eine Unterart des Asiatischen. Er lebt ausschließlich im nördlichen Teil der Insel Borneo und ist eigentlich gar kein Zwerg – nur etwa 30 Prozent kleiner als der Asiatische Elefant vom Festland –, aber mit seinem runden Gesicht, dem kurzen Rüssel und den unverhältnismäßig großen Ohren wirkt er flink und winzig. Sein Schwanz ist manchmal so lang, dass er über den Boden schleift und im Staub eine Schlangenlinie hinterlässt, die wie ein sehr langer Hinweispfeil wirkt: Elefanten bitte hier entlang!

Niemand ist sich ganz sicher, woher diese Kleinsten unter den Elefanten ursprünglich stammen. Lange Jahre gab es die Theorie, der Sultan von Sulu habe sie im 18. Jahrhundert auf Borneo eingeführt und sie seien die Nachfahren einer einzigartigen Hauselefantenrasse, der einst eine möglichst zierliche Körpergröße angezüchtet worden war. Sie sind viel sanftmütiger als ihre Verwandten vom Festland und auch neugieriger, was lange als Indiz dafür galt, dass sie an der Seite des Menschen gelebt hatten. Was sie jedoch nicht mögen, sind Menschen, die sich in ihren Wäldern einmischen: Wenn ein einheimischer Jäger kleineren Tieren Fallen stellt und ein Elefant darauf stößt, werden sie sorgfältig und gründlich zertrampelt, und das, obwohl sie für die Dickhäuter selbst nicht gefährlich sind.

Vor einigen Jahren hat eine Genanalyse gezeigt, dass der Borneo-Zwergelefant die Insel wahrscheinlich lange vor dem Sultan erreicht hatte. Dort breitete sich die Art wohl während des Pleistozäns aus, denn aufgrund der Eiszeit bestand damals eine Landbrücke zwischen dem asiatischen Kontinent und Borneo. Als das Eis schmolz, dominierten sie die Insel. Dreihunderttausend Jahre lang waren die Borneo-Zwergelefanten dort die größten Säugetiere – wenngleich sie unter den Großen eher zu den Kleineren zählen. Sie haben sich an die Hitze Borneos angepasst und schmieren sich in den Sommermonaten selbst und untereinander mit Schlamm ein, der ihnen als Sonnenschutz dient. In jüngerer Zeit jedoch wurde ein großer Teil ihres Lebensraums durch Abholzung zugunsten von Palmöl-Plantagen verwüstet, und sie werden immer näher an die Siedlungen von Menschen gedrängt, deren Felder sie zertrampeln und deren Lebensunterhalt sie damit zerstören. Jahr für Jahr sterben Hunderte Menschen und Elefanten, wenn wir einander auf zu engem Raum begegnen: Wir sind – so wie die Dinge liegen – keine guten Nachbarn. Nach optimistischen Schätzungen gibt es noch 1500 Borneo-Zwergelefanten. Wilderer, die auf Stoßzähne, Haut, Haare und Fleisch aus sind, sowie unser beständiges Vordringen in die noch unkultivierte Natur machen ihre Rückkehr in relevanter Zahl nahezu unmöglich. Wo einst Schönheit in Fülle herrschte, wird sie bald rar sein. Sie sind nur eines der vielen Opfer eines wesentlich größeren Rätsels: warum wir uns als Spezies Mensch dem Gedanken nicht stellen, dass wir einiges nicht werden zurückdrehen können.

Im Hinduismus ist Lord Ganesha, die Gottheit mit dem Elefantenhaupt, der heiligste Entferner der Hindernisse: eine ruhmreiche Figur, der Gott neuer Anfänge. In einer Version seiner Geschichte wird berichtet, er sei von der großen Göttin Parvati geschaffen worden: Damit niemand sie bei ihrem Bad stört, formt sie aus Kurkumapaste und den Hautschuppen, die sie sich beim Waschen von den Armen schrubbt, einen Jungen und setzt ihn als Wache vor die Tür. Als dann ihr Mann, der Gott Shiva, einzutreten versucht, versperrt Ganesha ihm gehorsam den Weg. Doch der verärgerte Shiva schlägt ihm den Kopf ab. Todtraurig und erbost befiehlt Parvati ihrem Mann, ihr Kind wieder zum Leben zu erwecken. Reumütig schickt dieser seine Leute mit dem Befehl aus, ihm den Kopf des ersten Wesens zu bringen, das ihnen begegnet, und zufällig ist es ein Elefant. Ganesha ist auch der Gott der Weisheit: Er ist es, der mit dem Weisen Vyasa einen Pakt schließt, um gemeinsam das große Epos *Mahabharata* aufzuzeichnen. Damit dies nicht ewig dauert, vereinbaren sie als Bedingung, Vyasa möge diktieren und Ganesha das Gehörte gleichzeitig aufschreiben, ohne dass einer der beiden eine Pause macht. Nach drei Jahren ununterbrochenen Diktierens und Schreibens ist das Epos nahezu fertig, als Ganeshas Schreibfeder kaputtgeht – ohne zu zögern bricht er sich einen Stoßzahn ab, taucht ihn in die Tinte und schreibt weiter. Er ist daher der Schutzpatron der Künste und der Wissenschaften. Der elefantenköpfige Gott mit dem abgebrochenen Stoßzahn verkörpert Bildung und die Hoffnung, die sie uns schenkt – keine ganz einfachen Eigenschaften, die wir in den kommenden Jahren mit exponenziell zunehmender Dringlichkeit benötigen werden.

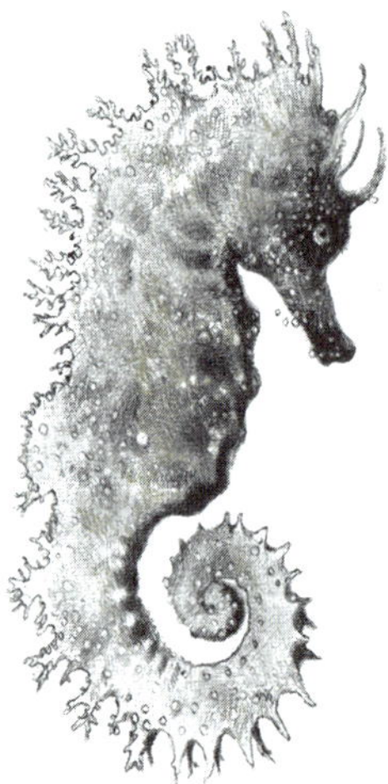

DAS SEEPFERDCHEN

Poseidon verstand es zu reisen. Sein Unterwasserwagen wurde von Nymphen begleitet – von bis zu dreiunddreißig, wenn man Homer glauben mag, fünfzig, wenn es nach Hesiod ginge – und von einem Gespann aus Seepferdchen gezogen. Auch in Drydens Virgil-Übersetzung haben die Pferde des Meeresgottes Flossen:

Wohin er auch
Die Flossenrösser lenkt im Siegesmut
Wird glatt die See, verebbt der Wellen Wut

Der Dichter Robert Herrick, Verfasser vieler unbeschwerter Verse über den Tod, stellte sich das Seepferd als ideales Reittier eines Helden vor:

Wer wagt es, wer besteigt als Held
Das flinke Seepferdchen und schnellt
Stolz durch die weite Wasserwelt

Wer zähmt mit seinem Blick geschwind
Den Zorn der See, den rauen Wind

Es heißt, die griechischen Fischer der Antike glaubten, die Seepferdchen, die sie aus ihren Netzen pflückten, seien der junge Nachwuchs von Poseidons Rössern. Die größte Art, das Dickbauchseepferdchen, wird mit bis zu 35 Zentimetern gerade groß genug, dass ein Menschenbaby darauf reiten könnte, falls beiden der Sinn danach stünde. Die kleinste Art, Satomis Zwerg-Seepferdchen *(Hippocampus satomiae),* ist mit seinen 13 Millimetern noch nicht einmal so lang wie ein menschliches Daumengelenk. Doch unabhängig von ihrer Größe sind Seepferdchen grundsätzlich mehr als würdig, einem Gott als Transportmittel zu dienen – denn die Götter gieren nach unserer Bewunderung, und schlicht alles an einem Seepferd versetzt uns in tiefes Staunen.

Das Seepferdchen ist das einzige Wesen im Tierreich, bei dem das Männchen den Nachwuchs gebiert. Das Weibchen deponiert die Eier in dessen Bauchtasche, was so aussieht, als würde es auf besonders intime Art einen Brief einwerfen. Kaum ist das Gelege drin, werden die Eier befruchtet, dann reifen sie im Schutz der Tasche in zwei bis sechs Wochen heran. Der Geburtsvorgang ist sensationell und verstörend zugleich. Mehr als die meisten anderen Tiergeburten erinnert er an eine Konfettikanone: Das Männchen krümmt sich, als müsste es niesen oder sich übergeben, dann schießt eruptionsartig eine Herde winzigster Seepferdchen aus seinem Bauch hervor, bis zu anderthalbtausend Jungtiere, sodass es in einer Wolke aus Nachkommen verschwindet.

Weniger als 0,5 Prozent der kleinen Geschöpfe erreichen das Erwachsenenalter, und genau deshalb übernehmen wahrscheinlich die Männchen das Austragen: So kann das Weibchen sofort die nächsten Eier produzieren, was innerhalb der Paarungszeit mehr Schwangerschaften und damit mehr Jungtiere und höhere Überlebenschancen ermöglicht.

Viele Paare binden sich lebenslang. Als Seepferdchen ist es schwer, inmitten von Wellen und wirbelnden Wasserpflanzen eine Partnerin zu finden, denn mit ihrer hervorragenden Tarnung sind sie auch für ihre Artgenossen unsichtbar, und das, in Kombination mit ihrer Unfähigkeit, die stets bewegte See zügig und zielgenau zu durchqueren, macht die Partnersuche ungewöhnlich anstrengend. Indem Seepferdchen einander treu bleiben, gewinnen sie Zeit für zahlreichere Schwangerschaften und steigern so ihre Chancen, sich erfolgreich fortzupflanzen – man kann sich sicher Romantischeres vorstellen. Aber sie tanzen auch zusammen. Jeden Morgen treffen sich die beiden im Revier des Männchens. Beim Näherkommen verändern sie ihre Färbung: Aus zarten Tarnfarben werden schillernde Töne: Braun zu Weiß, Weiß zu Gelb. In der Haut des Seepferdchens befinden sich winzige Zellen mit flüssigen Pigmenten, die Chromatophoren. Wenn diese sich zusammenziehen oder ausdehnen, entstehen verschiedene, unterschiedlich intensive Farben: Orange, Pink, Rot – ein bisschen, als würde man auf einem Farbenklavier spielen. Frisch leuchtend umkreisen sie sich, das Männchen wickelt sich um das Weibchen, ihre Schwänze umschlingen einander. Dabei tauschen sie Klicklaute aus (eines der beiden Geräusche, zu denen sie fähig sind; das andere ist ein winziges kehliges

Knurren, das sie bei Bedrohung ausstoßen, so zart, dass es für menschliche Ohren fast unhörbar ist). Dann kehrt das Weibchen zurück in ihr eigenes Revier, bis sich beide am nächsten Tag erneut zum Tanzen treffen. Für Schriftstellerinnen, Einzelgänger und Teilzeit-Misanthropen klingt das womöglich nach einem idealen Ehemodell.

Strenggenommen ist ein Seepferdchen ein Fisch – ein Hai allerdings auch, das heißt also nicht viel. Anders als der Hai ist es gefährlich fragil. Da Seepferdchen bloß eine einzige Rückenflosse als Antrieb haben, werden sie vom Meer allzu leicht umhergeschleudert; die beiden Brustflossen, die bei ihnen kurz hinter den Augen sitzen, sind nur zum Steuern da. Obwohl die Rückenflosse bis zu fünfzigmal pro Sekunde hin und her schlägt, kommen sie nur langsam und unter großer Anstrengung voran: als würde man auf Rollschuhen stehen und versuchen vorwärtszukommen, indem man mit dem erschütternden *Globalen Bericht des Weltbiodiversitätsrats* wedelt. Bei Sturm werden sie manchmal so stark durchgeschüttelt, dass sie vor Erschöpfung sterben.

Und es spricht noch mehr gegen einen entspannten Ritt durchs Leben: Da sie keinen Magen haben, müssen sie fast ständig fressen, um nicht zu verhungern.

Sie zählen zur Familie der *Syngnathidae,* von griechisch *syn* für »zusammen« und *gnathos,* »Kiefer«. Weil diese zusammengewachsen sind, können sie nicht kauen; stattdessen saugen sie durch ihre langgezogenen Schnauzen Plankton und Krebstierchen auf. Die Gestalt der Seepferdchen lässt sich vermutlich durch tektonische Verschiebungen vor Tausenden von Jahren erklären, denn durch die Bewegungen der Erdkruste entstanden damals seichte Gewässer, in denen Seegraswiesen prächtig gediehen. Womöglich sind die Seepferdchen hochentwickelte Nachkommen einer wenig ansehnlichen wurmähnlichen Seenadel: Vielleicht brachten die senkrecht der Sonne entgegenwachsenden Seegräser ein Seenadel-ähnliches schwimmendes Wesen dazu, sich bei seinen Streifzügen durch die Meereswiesen allmählich aufzurichten. Und bei all ihrer Zerbrechlichkeit hat die Evolution sie vorzüglich ausgestattet: Dank der Kraft und der Biegsamkeit ihres Schwanzes können sie sich zum Ausruhen an Korallen oder Seegras klammern oder an treibenden Wasserpflanzen festhalten und so den Ozean mit einem, für ein Seepferdchen, halsbrecherischen Tempo durchqueren.

Sie sehen aus wie mythische Wesen: Der Große Fetzenfisch, der so unmöglich aussieht, wie sein Name klingt, kann seine Erscheinung an das Seegras anpassen, in dem er sich versteckt. Das Pazifische Seepferdchen *(Hippocampus ingens)* kann zwischen goldfarben und kastanienbraun wechseln. Solche Eigenschaften machen es jedoch schwierig zu bestimmen, wie viele Seepferdchenarten es tatsächlich gibt. Eine Zeit lang nahmen einige Forschende an, es könnte weltweit rund zweihundert Arten geben, während andere nur ein paar Dutzend zählten. Heute gehen wir von siebenundvierzig aus, aber es besteht die Gefahr, dass wir sie, kaum entdeckt, schon wieder verlieren: Zwölf Arten gelten offiziell als gefährdet, bei siebzehn ist die Datenlage ungenügend, und zwei sind stark gefährdet. Überall auf der Welt gehen die Zahlen zurück. In den letzten zehn Jahren ist die Seepferdchenpopulation der Philippinen um fast drei Viertel geschrumpft. Sie verfangen sich in Netzen, die eigentlich für andere Fische gedacht sind – Netze, die außerdem den Meeresgrund verwüsten und ihre Reviere zerstören –, dann werden sie entweder entsorgt oder getrocknet und nach China und Taiwan verkauft, wo pro Jahr zwanzig Millionen von ihnen konsumiert werden und Seepferdchen schon seit zweitausend Jahren in der Medizin Verwendung finden. Solange die Grundschleppnetzfischerei noch nicht verboten ist, was dringend erforderlich wäre, müssen wir uns weigern, all das zu essen, was durch ausbeuterischen und wahllosen Fischfang aus dem Meer gezogen wird. Weniger sichtbar und zugleich tödlicher sind unsere steigenden Meerestemperaturen, die den Seepferdchen womöglich keine Zeit lassen, in kühlere Gewässer zu wandern, was zu einem Massensterben führen könnte. Es ist tatsächlich sehr wahrscheinlich, dass die Mehrzahl der Arten im Jahr 2050 nur noch ein Mythos sein wird.

Wir leben in einer Welt voller Wunder. Eigentlich sollten wir morgens nach dem Aufwachen, gleich wenn wir die Hose anziehen, an die Seepferdchen denken und vor Bewunderung laut schreien und nicht damit aufhören, bis wir abends wieder einschlafen – und dasselbe am nächsten Tag und am übernächsten auch. Jedes einzelne Seepferdchen kann uns so sehr zum Staunen bringen, dass es die ganze Menschheit eigentlich umhauen müsste, würden wir ihnen nur unsere Aufmerksamkeit schenken.

DER PANGOLIN

An Liebe auf den ersten Blick habe ich nie geglaubt, aber dann musste ich doch eine Ausnahme machen, und zwar für den Pangolin. Zu dieser speziellen Pangolinin zu gelangen war schwierig, was mir jedoch logisch erschien: Etwas so Bemerkenswertes sollte nicht allzu leicht zu erreichen sein. Sie lebt in einem Wildtierschutzgebiet am Rand von Harare, der Hauptstadt von Simbabwe. Die Straßen von Harare verfallen seit Jahren, klaffende Risse im Belag werden mit Ziegelsteinen ausgebessert, und in der Regenzeit könnte man in den Schlaglöchern eine Dänische Dogge baden. Die meisten Straßenschilder sind schon lange gestohlen – es geht das Gerücht, während des Cholera-Ausbruchs 2008 habe man Handgriffe für Särge daraus gemacht, aber das ist wohl größtenteils erfunden –, also fährt man auf gut Glück und hofft aufs Beste. Am Straßenrand wachsen pinkfarbene und violette Bougainvilleas und überwuchern hier und da auch die Ampeln.

Der Pangolin wird gemeinhin Schuppentier genannt, weil er als einziges Säugetier von Schuppen bedeckt ist, oder auch Schuppiger Ameisenbär, wegen seiner bevorzugten Nahrung. Doch bei diesen Namen fällt unter den Tisch, dass die Schuppen dasselbe schöne Graugrün haben wie das Meer im Winter und die Tiere das Gesicht eines ungewöhnlich höflichen Gelehrten. Die Zunge des Pangolins ist länger als sein Rumpf und wird sorgfältig aufgerollt in einer Innentasche nahe der Hüfte aufbewahrt. Sein Name ist abgeleitet von dem malaiischen *Peng-guling*, das »Roller« bedeutet: Werden sie bedroht, rollen sie sich zu einer festen Kugel zusammen. Mit dieser Verteidigungsstrategie wurden sie zur leichten Beute für den Menschen – statt sich zu schützen, verwandeln sie sich in ein handliches Paket.

Den Sangu-Völkern im Südwesten Tansanias galt die Ankunft eines Pangolins als großes Ereignis. Man erzählte sich, sie fielen als Boten der Ahnen vom Himmel und folgten dem ersten Menschen, dem sie im Busch begegneten, nach Hause. Kam tatsächlich einmal ein Pangolin an die Haustür, wurde er mit Respekt und zugleich mit größter Vorsicht behandelt: Lieder wurden gesungen, ein Schaf wurde geschlachtet, der Pangolin bekam einen schwarzen Umhang, und am Ende der Zeremonie wurde getanzt. Manchmal tanzte angeblich sogar der Pangolin, aufrecht auf seinen Hinterbeinen. In den meisten Berichten von dieser Zeremonie, die vor allem aus den 1950er-Jahren stammen, wird der Pangolin geschlachtet, in den schwarzen Umhang gehüllt und begraben: also zurück zu den Ahnen geschickt. Im Brauchtum von Simbabwe sprach man sich zunächst entschieden gegen das Töten von Pangolinen aus. Sie galten vielmehr als Überbringer des größten und erlesensten Glücks, und bis heute erzählen Mütter ihren Kindern, dass das Schwemmgold, das man manchmal im Boden findet, von den Schuppentieren stamme: Pangolinköttel – verdaute Ameisen zur Kostbarkeit verwandelt.

Jüngst ist jedoch im ländlichen Simbabwe, wo 1,6 Millionen Kinder in extremer Armut leben, eine alternative Einkommensquelle entstanden: die Jagd auf Pangoline. Seit Jahren schon stehen entlang den Ausfallstraßen von Harare Plakatwände der Regierung mit Bildern von Schuppentieren und dem Slogan: »*Wildtierhandel ist ein Verbrechen. Afrika ist ein Abenteuer – erfreue dich daran, zerstöre es nicht!*« Das ist ganz schön viel verlangt, denn der Anreiz und die Not sind groß, und Pangoline sind derzeit die am meisten gehandelten Tiere der Welt. Ihre Schuppen werden in der traditionellen chinesischen Medizin eingesetzt, und ihr Fleisch gilt als Delikatesse, gebratener Pangolin soll die Milchbildung bei Müttern und den Kreislauf anregen. In einem Bericht des *Guardian* aus dem Jahr 2007 verrät ein Koch aus der chinesischen Provinz Guangdong, wie er die Tiere zubereitet:

> *Wir halten sie lebendig in Käfigen, bis ein Kunde [Pangolin] bestellt. Dann schlagen wir sie mit dem Hammer bewusstlos, schneiden ihnen die Kehle durch und lassen sie ausbluten. Es ist ein langsamer Tod. Dann kochen wir sie, um die Schuppen abzulösen. Das Fleisch schneiden wir in kleine Stücke und kochen daraus verschiedene Gerichte, zum Beispiel geschmortes Fleisch oder Suppe. Das Blut nehmen die meisten Kunden anschließend mit nach Hause.*

Von den acht verbliebenen Pangolinarten stehen zwei auf der Roten Liste der vom Aussterben bedrohten Tiere. Der Pekinger Zoll hat einmal mehr als eine Tonne Schuppen beschlagnahmt, die nach China eingeführt werden sollten; eine Tonne entspricht etwa 1660 Tieren. So ernüchternd, so trostlos ist diese Zahl, dass es kaum zu fassen ist.

Noch aber sieht man sie fressen, wandern, sich paaren – und manche von ihnen sogar klettern. Die langen Klauen und der lange Greifschwanz des Weißbauchschuppentiers aus Afrika, dort auch *tree pangolin* (Baumpangolin) genannt, ermöglichen es ihm, astfreie Baumstämme so leicht und locker hinaufzulaufen, als machte es einen Sonntagsspaziergang – mit ihren kurzen Beinen mögen sie noch so erdverbunden wirken, die Wirkung der Schwerkraft fürchten sie dennoch nicht. Das Junge dieses Pangolins – auf Englisch *pup,* oder noch fantasievoller: *pangopup* – reitet, wie bei allen Schuppentieren üblich, in seinen ersten Lebensmonaten auf dem Rücken seiner Mutter. Dabei klammert es sich knapp vor dem Schwanzansatz fest und gelangt so bis in die höchsten Höhen der Bäume. Zum Schlafen rollt sich das Kleine oft zur Kugel zusammen, und die Mutter legt sich wie eine Kugel drumherum: eine Pangolin-Matrjoschka.

Mein Lieblingspangolinweibchen in Simbabwe hat einen Hüter – er wandert mit ihr zehn Stunden am Tag durch den Busch, von Ameisenhügel zu Termitenbau, und lässt sie nie aus den Augen. Zum Überleben muss sie rund 70 Millionen Insekten pro Jahr verzehren. Kurze Strecken läuft sie. Ist die Entfernung größer, trägt ihr Hüter sie auf dem Arm oder in einem eigens angefertigten Rucksack. Er setzte sie ab, um mir zu zeigen, wie ein Pangolin läuft: Sie benutzt dazu nur die Hinterbeine, die Vorderbeine sind angehoben und die langen Klauen vor dem Bauch gefaltet, als würde sie besorgt die Hände ringen. Sie kehrte zu ihrem Hüter zurück und stellte sich mit einem Hinterbein auf seinen Schuh, damit er sie leichter zurück auf die Schulter heben konnte. So etwas hatte ich noch nie zuvor gesehen. Bezaubernd wie sie ist, wirken andere bezaubernde Dinge – Diamanten, Rubine, Rolex-geschmückte Handgelenke – daneben wie großer Schwindel. Doch der unerlaubte Besitz eines Pangolins wird in Simbabwe mit neun Jahren Gefängnis bestraft, und das freut mich.

Pangoline sind schöner, als es in dieser alten, gefallenen Welt möglich scheint; sie sehen aus, als müssten sie noch aus der Zeit vor dem Sündenfall stammen. Und tatsächlich sind es prähistorische Tiere, 80 Millionen Jahre alt und nicht erst 6 Millionen wie wir. Sie waren zuerst da, am Anfang aller Dinge – und sie haben ein uraltes, unantastbares, unbestreitbares Recht zu bleiben.

DER STORCH

Es herrschte Krieg, und vom Himmel regnete es Propaganda. Über den britischen Linien auf dem europäischen Festland warfen die Nazis Flugblätter ab, die den Kämpfern weismachten, ihre Frauen teilten gerade mit amerikanischen Soldaten das Bett, schön illustriert mit Zeichnungen entblößter Frauen. Die Alliierten ließen über den Truppen der Achsenmächte Wasserstoffballons aufsteigen, um Bilder von langen Reihen deutscher Soldatengräber unter ihnen zu verbreiten. Doch die Reichweite von Flugzeugen und Ballons war begrenzt. Als Himmler Propagandamaterial nach Transvaal schicken wollte, um bei den Buren um Unterstützung zu werben, befahl er den ihm unterstellten Forschern zu untersuchen, ob man nach Afrika ziehende Störche nicht als Boten einsetzen könnte.

Es folgten erste Testflüge im Rahmen der »Storchbein-Propaganda«, doch sie zeigten, dass im Schnitt tausend Vögel nötig gewesen wären, um zehn Flugblätter ans Ziel zu brin-

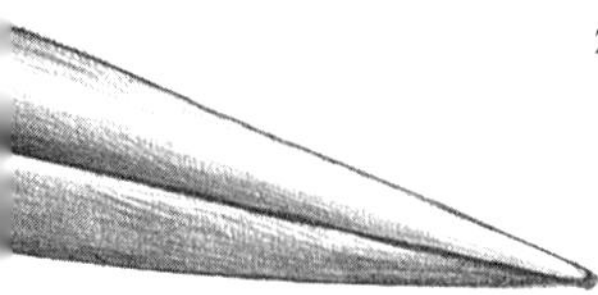

gen. Der Plan wurde aufgegeben. Aufseiten der Alliierten war man hartnäckiger. 1940 wurde auf einer Farm in Nord-Transvaal ein toter Storch gefunden, an dessen Bein ein Band mit einer Nachricht von Widerstandskämpfern aus den besetzten Niederlanden festgenäht war: »An unsere Brüder in Südafrika: Wir, die Bewohner von Bergen op Zoom, möchten euch mitteilen, dass das Leben unter der deutschen Besatzung die reine Hölle ist.«

Schon immer waren Störche unsere Boten, und dafür lieben wir sie – wie es allerdings dazu kam, dass wir Kindern erzählt haben, sie wären ihren Eltern per Storch zugestellt worden, ist nicht eindeutig geklärt. Womöglich geht die Geschichte auf die slawische Mythologie zurück, in der der Storch die ungeborenen Seelen aus dem Wyrai, einem frühlingshaften Paradies, zur Erde bringt. Vielleicht handelt es sich aber auch um eine Verwechslung: In der griechischen Mythologie verwandelt Hera die Pygmäenkönigin Gerana in einen langbeinigen, langschnäbeligen Vogel; später rettet Gerana ihr Kind aus Heras Fängen und trägt es im Schnabel davon. Doch im ursprünglichen Mythos ist dieser Vogel ein Kranich *(geranos)*, kein Storch. Die bekannteste Geschichte dieser Art stammt von Hans Christian Andersen und ist etwas düsterer als die, die wir uns gemeinhin erzählen: Weil einige Jungstörche von einem frechen Kind gehänselt werden, sagt ihre Mutter ihnen, sie kenne den Teich, »in dem alle die kleinen Menschenkinder liegen, bis der Storch kommt […]. Jetzt wollen wir nach dem Teich hinfliegen und eins für jedes der Kinder holen, die das hässliche Lied nicht gesungen […] haben.« Doch für den gemeinen Jungen »liegt im Teich […] ein kleines, totes Kind, das hat sich tot geträumt, das wollen wir für ihn mitnehmen, dann muss er weinen, weil wir ihm einen kleinen toten Bruder gebracht haben […].« Dieser Teil der Geschichte wird auf den Grußkarten zur Geburt meistens weggelassen.

Das Geheimnis, wohin die Vögel im Winter verschwinden, wurde 1822 endlich gelüftet. Seit der Antike hatte diese Frage die Ornithologen beschäftigt: Aristoteles war ziemlich überzeugt davon, dass Störche in Bäumen überwintern. Aber er schlussfolgerte auch, dass Rotschwänzchen sich in den Wintermonaten in Rotkehlchen verwandeln würden und im Frühling wieder zurück. Damit lag er nicht weniger falsch als Olaus Magnus, der Bischof von Uppsala, der 1555 verkündete, Schwalben hielten Winterschlaf am schlammigen Grund von Seen. Unter den indigenen Völkern Nordamerikas erzählte man sich Geschichten von Kolibris, die auf dem Rücken von Gänsen mitgenommen werden; Homer berichtet, die Kraniche zögen jeden Frühling in den Krieg gegen die »Pygmäen-Männer« an den Rändern der Erde – als Rache dafür, dass Hera ihre Königin so schlecht behandelt habe. 1694 vertrat der Wissenschaftler Charles Morten allen Ernstes die Ansicht, Störche würden, wie Schwalben und Kraniche auch, auf dem Mond überwintern. Dann traf – 1822 – in einem deutschen Dorf ein verletzter Storch ein, in dem ein 75 Zentimeter langer Speer steckte. Dessen Metallspitze hatte die Brust des Vogels durchstoßen und ragte seitlich aus seinem Hals wieder heraus, als Ursprungsort der Waffe wurde Zentralafrika ermittelt. Der »Pfeilstorch« war der lang erwartete Beweis: Es gab Vögel, die jedes Jahr um die halbe Welt flogen und im Frühjahr zurückkehrten (was ja eigentlich weitaus unwahrscheinlicher und märchenhafter ist, als in einem heimischen Baum zu rasten).

Viele unserer Geschichten über Störche sind Liebesgeschichten, die ihre Intelligenz und ihr Heldentum feiern. Sie haben so viel Liebenswertes an sich. Sie sind groß, wahre Herkules-Vögel: Die größte der neunzehn Arten, der in Afrika heimische Marabu, erreicht eine Höhe von 1,50 Metern und eine Flügelspannweite von bis zu 3 Metern. Sie wirken weise: Das Auge des Weißstorchs ziert ein leichter schwarzer Lidstrich, der ihm ein wissendes und intelligentes Aussehen verleiht. Im Jahr 1536 brannte die Stadt Delft zur Hälfte nieder, und der niederländische Arzt Adriaen de Jonghe beobachtete, wie eine Störchin von der Jagd zurückkehrte, als ihr Nest bereits in Flammen stand. Sie versuchte, ihren Nachwuchs zu retten – und als es ihr nicht gelang, bedeckte sie ihn mit ihrem Körper und verbrannte gemeinsam mit den Jungen, die sie nicht retten konnte. 1820 wurde berichtet, Störche hätten die Brände gelöscht, die in der Stadt Kelbra wüteten – wenngleich der vermeintliche Verfasser dieser Behauptung, der »wenig bekannte« und möglicherweise erfundene Okarius de Rudolstadt, nicht ausführt, wie das funktioniert haben soll. Sogar bei der Kreuzigung Jesu tauchen Störche auf. Sie bleiben weitgehend stumm, doch der skandinavischen Überlieferung nach, soll ein Storch über dem Kreuz seine Kreise gezogen und angestrengt *»styrka, styrka!«* (schwedisch für »Stärke dich!«) gerufen haben. Von diesem Wort leitet sich dieser Sage nach ihr Name ab.

Unsere Bewunderung für Störche schwankt – willkürlich und zerstörerisch – zwischen emotionalem und kulinarischem Interesse. Durch die Jagd auf die Tiere und den Verlust ihres Lebensraums sind mindestens vier Arten stark gefährdet. Bis vor Kurzem war Großbritannien ein Land ohne eigene Störche: Die vorletzten auf englischem Boden geschlüpften Jungen gab es 1416. Dann mussten wir 604 Jahre warten, bis im Mai 2020 fünf Küken geboren wurden, Nachwuchs eines der rund hundert Störche eines Auswilderungsprojekts des Knepp Estate nahe der Stadt Horsham in Sussex. Niemand weiß, warum sie in Großbritannien ausstarben: Es heißt, sie bevorzugen die Staatsform der Republik, und demnach könnte man der Royal Family die Schuld geben, doch wahrscheinlicher ist, dass sie bis auf den letzten Vogel gejagt wurden, um sie zu verzehren. Bei mittelalterlichen Festmählern kamen sie als mögliche Füllung der Wildpastete auf den Tisch, eine Delikatesse, die auch Reiher, Kranich, Krähe, Kormoran oder Rohrdommel enthalten konnte. Auf dem europäischen Festland gehörten sie bis weit ins 17. Jahrhundert fest zum Ritual spektakulärer Tafelfreuden: mit Blattgold überzogene Speisen, Hähne mit Papierhut, die wie Jockeys auf Schweinerücken platziert wurden, Wildschweinköpfe, aus deren Mäulern Feuerwerk schoss, und gebratene Störche, wiederbefiedert, damit sie aussahen, als hätten sie gerade erst die Flügel angelegt und sich auf dem Tisch niedergelassen.

Ihrem Flug – mühelos, mit wenig Flattern – verdanken wir womöglich das menschliche Fliegen, denn Otto Lilienthal, der große Luftfahrtpionier des 19. Jahrhunderts, konstruierte seine ersten Gleitflieger nach dem Vorbild von Störchen. Er studierte die Bewegungen ihrer Flügel, wie leicht sie auf der Thermik dahinsegeln, wie sie gegen den Wind abheben, dass sich ihre Flügel zuspitzen und im Querschnitt eine fein tarierte Wölbung bilden. »Fast möchte man dem Eindrucke Raum geben«, schrieb Lilienthal, »als sei der Storch eigens dazu geschaffen, um in uns Menschen die Sehnsucht zum Fliegen anzuregen und uns als Lehrmeister in dieser Kunst zu dienen.« Bei seinen Sprüngen von den Hängen der Rhinower Berge 1893 trug ihn sein storchenähnlicher Flugapparat teils 250 Meter weit: genug, um einen echten Flug zu erleben. Drei Jahre später starb er, als sein Gleiter mitten im Flug plötzlich stockte, ein Unfall, für den die Störche indirekt verantwortlich sind.

Es heißt, Störche würden dem Haus, auf dem sie nisten, Glück bringen. (Zugleich sind sie eine Brandgefahr: Ihre Nester sind bis zu 1,80 Meter breit und 3 Meter hoch, und Jahr für Jahr nach ihrer Rückkehr bauen sie daran weiter.) In Simbabwe habe ich einmal eine Störchin gesehen, die Insekten aus dem Gras in die Höhe warf und sie mit ihrem langen Schnabel auffing – ein atemberaubender Anblick. Im Stehen, mit ihren langen Beinen und Schnäbeln, sehen sie aus wie eine Kalligrafie, mit dramatischem Pinselschwung von einem ambitionierten Gott aufs Blatt geworfen. Sogar die hässlichen – wie der Marabu, der mit seinen Haarbüscheln und dem hängenden, hodenähnlichen Kehlsack einem zwielichtigen Totengräber ähnelt – sind schön. Unerwartet bringen sie uns zum Staunen: Breitet der Wollhalsstorch seine Flügel zum Flug aus, entblößt er am Unterarm einen Streifen unbefiederter Haut, der in einem verblüffenden Rubinrot leuchtet. Klappernde Lebensbejaher, Hoffnungsvögel; in Osteuropa heißt es, das hektische Tacktacktack ihrer Schnäbel sei ihr Applaus zum Begrüßen des Sommers. Ihre Flügel am Frühlingshimmel sind wie Flaggensignale in der Luft, und die Botschaft lautet: »Stärke dich, stärke dich!«

DIE SPINNE

Ich mag Spinnen, und ich mag Turnerinnen, aber beides in einem mag ich nicht. Das eine oder das andere gern, aber bitte nicht gleichzeitig. Doch es gibt sie, die Springspinne, und auf ihre eigene Art ist sie ganz wunderbar. Wir sind nicht dazu erzogen, Wesen mit vier Augenpaaren zu lieben, aber auch in ihnen verbirgt sich Großes.

Unter den 45 000 Spinnenarten ist die Springspinne wahrscheinlich die wildentschlossenste: Während die Schwarze Witwe sich lieber vor Menschen versteckt, wagen Springspinnen sich neugierig hervor. Eine Springspinne, nicht größer als der Nagel meines kleinen Fingers, kann auf eine große Heuschrecke springen und sie töten, was ungefähr dasselbe ist, als würde ich einen Satz auf einen Volvo Kombi machen und ihn verschlingen. Und es gibt viele Springspinnenarten; ihr Klan ist der größte der gesamten Spinnenwelt: Zur Familie der *Salticidae* gehören 610 Gattungen mit mehr als 5800 beschriebenen Arten, das sind rund 13 Prozent aller Spinnen. Sie sind die Tiger unter den Arachniden, wild und gewandt. Manche springen weiter als das Vierzigfache ihrer Körperlänge. Wie alle Spinnen, und ganz im Gegensatz zur Verletzlichkeit unserer eigenen fleischlichen Hülle, verbirgt die Springspinne ihre Muskulatur sicher im Inneren ihrer Knochen, denn die

Muskeln sind ganz von ihrem Exoskelett umgeben und geschützt. Dabei sind die Beinmuskeln nicht einmal besonders kräftig. Vielmehr ist die Springspinne eine Hydraulikpumpe im Miniaturformat: Sie zieht ihren Unterleib zusammen und drückt damit Körperflüssigkeiten, vor allem Blut, in die Hinterbeine, wodurch diese gestreckt werden und die Spinne nach vorn schießt. Dabei befestigt sie einen Abseilfaden an der Absprungstelle – geht der Sprung schief und die Beute entkommt, kann sie sich wieder hochziehen und in Sicherheit bringen, frei von Verletzungen und Peinlichkeiten. Ihrem Stand entsprechend haben diese Spinnen blaues Blut.

Ich verstehe, dass es schwer ist, Spinnen gernzuhaben. Außen sind sie kantig und borstig, sie schlafen nicht, und sie schließen nie die Augen, und ein Wesen zu bewundern, das nicht blinzelt, fällt uns schwer. Zwischen drei und fünf Prozent der Menschheit leiden an Arachnophobie, wenngleich die Angst vor Spinnen global nicht gleichmäßig verteilt ist: Viel seltener ist sie in den Tropen, wo es von großen, haarigen Exemplaren wimmelt. Früher glaubte man, Arachnophobiker wären vor allem empfindlich gegenüber der Bewegung der Spinnenbeine: Es konnte aber weder dieser Zusammenhang nachgewiesen werden noch dass die Angst vor Spinnen mit einer erhöhten Ängstlichkeit im Allgemeinen zusammenhänge. Anscheinend ist Arachnophobie erblich, und womöglich bestand einst ein kleiner evolutionärer Vorteil in der besonderen Vorsicht, die sie mit sich bringt (wenngleich die mit der Angst einhergehende Panik nicht hilfreich gewesen wäre). Doch warum manche Leute Phobiker sind und andere nicht, bleibt weitestgehend ein Geheimnis. Wenn man sich aber entsprechend wappnet, kann man in der Großfamilie der Spinnen Vertreterinnen von überragender Schönheit entdecken. Die Pfauenspinne *Maratus speciosus* zum Beispiel tanzt, um Weibchen zu beeindrucken: Dabei hebt das Männchen seinen in Rot und Blau erstrahlenden Hinterleib, sodass an dessen äußerem Rand satt orangefarbene Haare zum Vorschein kommen, die zu keiner anderen Zeit sichtbar sind. Eine der Springspinnen, *Jotus karllagerfeldi*, trägt ihren Namen, weil ihre feine schwarz-weiße Zeichnung – schwarze Augen, schwarz-weiße Pedipalpen unterhalb des Kiefers – an den Modedesigner mit seiner typischen Sonnenbrille und seinem weißen Kragen erinnert.

Geht es aber um die Herstellung eines der bemerkenswertesten Stoffe der Erde, der Spinnenseide, dann ist die Springspinne bloß eine Amateurin. Meisterinnen hingegen sind die Goldenen Radnetzspinnen aus der Familie *Araneidae*. Goldene Radnetzspinnen weben gelbliche Netze, die in der Sonne wie Edelmetall glänzen und einige Jahre halten können: Die Fäden sind so kräftig, dass sich gelegentlich ein Vogel im Flug darin verfängt. Es heißt, die ersten Fischer Neuguineas hätten diese Seide in ihre Netze eingewebt, die damit stark genug waren, um Dutzende Fische auf einen Schlag aus dem Wasser zu ziehen. Zurzeit arbeitet die Wissenschaft daran, die Struktur dieser Seide für schusssichere Westen nachzubilden, allerdings noch ohne Erfolg.

Spinnenseide ist ein Wunderstoff; lange schon versuchen wir ihn nachzuahmen, schaffen es aber nicht – der Beweis, dass unser so kühner, herrlicher, erstaunlicher Einfallsreichtum nicht an den der Natur heranreicht. Spinnenseide wiegt fast nichts – ein um die Erde geschlungener Faden wöge weniger als 500 Gramm –, aber sie gehört zu den stärksten Materialien der Welt: fünfmal robuster als ein Stahlstrang derselben Stärke. Wenn er aus der Spinndrüse einer Spinne kommt, ist der Faden noch flüssig, doch im Kontakt mit der Luft wird er fest, und dabei ist er so gleichbleibend fein, dass im Zweiten Weltkrieg Fadenkreuze für militärische Zielfernrohre daraus hergestellt wurden. Wären wir in der Lage, aus Spinnenseide so dick wie ein Kugelschreiber ein riesiges Netz zu flechten, es könnte einen Jumbojet im Flug aufhalten.

Allerdings ist es wichtig, dass man für den gewünschten Zweck auch die richtige Spinnenseide hat: 1709 schenkte François Xavier Bon de Saint Hilaire, ein wenig bedeutender französischer Höfling, dem Sonnenkönig das erste bekannte Paar Strümpfe aus Spinnenseide einer unbekannten Art, gefertigt aus den Fäden Hunderter Kokons, in die das Spinnenweibchen seine Eier legt. Die Strümpfe waren silbergrau und schimmerten in der Sonne, doch als Ludwig XIV. sie anzog und darin zu laufen versuchte, zerfielen sie zwischen seinen königlichen Zehen. Auch die Neigung der Spinnen, sich in Gefangenschaft gegenseitig aufzufressen, machte, wie François herausfinden musste, das ganze Unterfangen schwierig.

Andere hatten mehr Glück. 1863, während des Amerikanischen Bürgerkriegs, stieß der Chirurg Burt Green Wilder auf das riesige Netz einer Goldenen Rundnetzspinne, fing das Tier mit seinem Hut und rannte zurück zu seinem Zelt. Dort, so schrieb er, habe die Spinne sich aus seiner Hand abgeseilt.

Statt jedoch das Tier selbst zu fangen, packte ich den Faden und zog. Die Spinne kam nicht von der Stelle, aber der Faden ließ sich mit Leichtigkeit herausziehen, und auf meiner Hand aufgewickelt kam er mir so stark vor, dass ich ihn an einem kleinen Federkiel befestigte, und dann legte ich mich, nachdem ich die Spinne auf der Zeltwand abgesetzt hatte, auf mein Lager und drehte den Kiel zwischen den Fingern.

Anderthalb Stunden später hatte er auf diese Weise 150 Meter »des glänzendsten und schönsten goldenen Seidenfadens, den ich je gesehen hatte«, beisammen. Er konstruierte eine Art hölzernen Pranger, in dem er mehrere Spinnen halten und »melken« konnte, um ihre Spinnenseide zu gewinnen. Seinen Traum, daraus ein Kleid für seine Liebste herzustellen, gab er erst auf, als er berechnet hatte, dass er dazu fünftausend Spinnen gebraucht hätte. Pragmatischer zeigte sich Lieutenant Sigourney Wales, der in demselben Regiment diente, dieselbe Spinnenseide sammelte und daraus Spiralen drehte. Angeblich konnte er diese als Goldschmuck ausgeben und verkaufen: gesponnene Eheringe.

Und noch etwas ganz anderes: Ohne Spinnen herrschte weltweit Hungersnot. Sie fressen das, was uns die Nahrung wegfressen würde, sie halten Schädlinge im Zaum. Schätzungsweise verzehren Spinnen jedes Jahr 400 bis 800 Millionen Tonnen Insekten und andere Schädlinge; zum Vergleich: Die Menschheit isst rund 400 Millionen Tonnen Fleisch und Fisch. Sie fressen mehr Insekten als Vögel und Fledermäuse zusammen, außerdem bestäuben sie Blüten und führen tote Tiere und Pflanzen wieder dem Kreislauf

der Natur zu. Umgekehrt bilden sie die wichtigste Nahrungsquelle für drei- bis fünftausend Vogelarten. Ohne Spinnen würden wir untergehen. Wir sollten uns dankbar vor ihnen verneigen – was nicht schwer sein dürfte, denn – noch – gibt es sie überall. Als ich als Kind in Simbabwe lebte, fand ich oft Spinnen unter meinem Kissen, wie ein Geschenk der Zahnfee, aber eins mit Augen und Zähnen. Auf einer Wiese in Wales wurden auf 0,4 Hektar über eine Million Spinnen gefunden, in tropischen Gegenden liegt der Durchschnitt auf vergleichbaren Flächen wahrscheinlich eher bei drei Millionen. Es gibt so viele Spinnen, dass man, so die Legende, pro Jahr etwa acht im Schlaf verschluckt – das wäre schon leicht gruselig, wenn es denn wahr wäre. Tatsächlich schrieb die Computer-Kolumnistin Lisa Holst 1993 einen Text darüber, wie schnell sich Falschinformationen per E-Mail verbreiten, und führte die »Acht Spinnen pro Jahr«-These als Indiz dafür an, wie bereitwillig unwahre Statistiken als wahr genommen werden. Losgelöst von diesem ursprünglichen Kontext wurde die Behauptung zu einer der am weitesten verbreiteten Falschinformationen des frühen Internets. Sie enthält lediglich ein Fünkchen Wahrheit: In Form von Staub haben Sie bestimmt schon Millionen mikroskopisch kleiner Spinnenpartikel eingeatmet – aber so gesehen haben Sie dann auch substanzielle Mengen Mensch inhaliert.

Doch sogar unter den Spinnen gibt es bedrohte Arten. Die Blaue Ornament-Vogelspinne, die es nur noch in einem relativ kleinen Waldgebiet im indischen Bundesstaat Andhra Pradesh gibt und die dort, fernab von menschlichen Blicken, in den Baumkronen lebt, ist von einem umwerfenden Yves-Klein-Blau – nichts anderes in der Natur hat genau diesen Blauton, und es wird ihn nicht mehr geben, wenn es mit diesem vom Aussterben bedrohten Tier weiter bergab geht. Die Fichten-Tannen-Moosspinne *(Microhexura montivaga)* ist so klein wie die Kugel eines Kugellagers, hat eine satt gelbbraune Färbung und baut ihre röhrenförmigen Netze hoch oben in den Appalachen. Die Fraser-Tannen, in denen sie lebt, sind durch Holzeinschlag und Krankheiten stark dezimiert, und dasselbe gilt für die eng mit ihnen verbundene Spinne. Offenbar lebt der größte noch verbleibende Teil dieser Art auf einem einzelnen Felsvorsprung in North Carolina. Wenngleich diese Spinnen so winzig sind, dass sie auf einer Handfläche eine ganze Versammlung abhalten könnten, wäre ihr Verschwinden von unserem Planeten doch kein geringer Verlust: Etwas, das es in diesem Universum einmal gegeben hat, würde durch unsere unvorsichtigen Eingriffe einfach beseitigt – das reicht doch schon.

In der langen Reihe der Dinge, die wir völlig falsch verstanden haben, haben wir Spinnen geradezu großzügig mit Irrtümern bedacht. Wir haben ihnen gefährliche Eigenschaften zugeschrieben, die die wenigsten tatsächlich besitzen (weniger als ein Zehntelprozent aller Spinnen waren je für den Tod eines Menschen verantwortlich). Im 16. und 17. Jahrhundert glaubte man, der Biss der Apulischen Tarantel (*Lycosa tarantula*, benannt nach der italienischen Provinz Tarent) sei potenziell tödlich und das Opfer könne allein dadurch geheilt werden, dass es einen wilden Tanz aufführe. Der sehr produktive italienische Schriftsteller Francesco Cancellieri aus dem 18. Jahrhundert berichtet:

[...] wir fanden den armen Bauern, dem das Atmen bereits schwerfiel, und sahen, dass Gesicht und Hände begonnen hatten, sich schwarz zu färben. Und weil diese Krankheit allen Anwesenden vertraut war, wurde eine Gitarre geholt [...] Zuerst begann er die Füße zu bewegen, dann die Beine. Er kam auf die Knie. Nach kurzer Zeit erhob er sich schwankend. Und nach einer Viertelstunde sprang er bereits in die Luft, etwa drei Handbreit vom Boden. [...] und es war noch keine Stunde vorbei, da war das Schwarz aus Händen und Gesicht gewichen, und er hatte seine natürliche Farbe zurück.

Vorsorglich wurden heilende Musikstücke komponiert, so etwa im 17. Jahrhundert das *Antidotum Tarantulae* des Universalgelehrten Athanasius Kircher. Womöglich ist dieser fieberhafte Spinnen-Jig auch der Ursprung des typischen stampfenden, Hacke-Spitze-Tanzes aus Italien – der Tarantella.

Vor Kurzem hat eine Forschungsgruppe der Manchester University einer Springspinne namens Kim beigebracht, auf Kommando zu springen. Ihre Treffsicherheit war erstaunlich, kein einziges Mal verfehlte sie die Zielplattform. Mit ihren acht Augen können Springspinnen ein breiteres Farbspektrum wahrnehmen als wir. Die Welt sieht für sie anders aus, gefärbt in wildem Technicolor. Herausgestellt hat sich außerdem, dass manche Spinnen besonders versessen auf Naturfilme sind, mehr jedenfalls als auf andere Sendungen, etwa Interview-Formate. Sie sind so viel schlauer, als wir dachten. Und noch etwas lohnt sich zu wissen: Nur äußerst selten finden wir heraus, dass irgendein Lebewesen tatsächlich weniger intelligent ist, als wir angenommen hatten.

DIE FLEDERMAUS

Wenn Sie ein einfaches Rezept wünschen, um unsichtbar zu werden, fangen Sie eine Fledermaus, eine schwarze Henne und einen Frosch. Danach die Herzen entnehmen, zusammenbinden und mittels eines Fadens unter der rechten Achselhöhle befestigen. So sollten Sie, laut dem Pariser Okkultisten Émile-Jules Grillot de Givry, für alle Welt außer für sich selbst unsichtbar werden. Jahrhundertelang und auf allen Kontinenten war die Fledermaus ein beliebtes Mittel, wenn man verschwinden wollte. In einem Zauberbuch aus dem 18. Jahrhundert, das fälschlicherweise Albertus Magnus zugeschrieben wurde, steht die Anleitung: »Man durchsteche das rechte Auge einer Fledermaus und trage es bei sich, dann wird man unsichtbar«, und in manchen Teilen Trinidads wurde dem Trinken von Fledermausblut dieselbe Wirkung nachgesagt. Dass man diese Zaubermittel leicht hätte testen können, schmälerte ihre Beliebtheit keinesfalls. (Andererseits habe auch ich mir oft Cremes gekauft, die versprachen, den Alterungsprozess umzukehren, und deren Wirksamkeit war identisch.)

Hinter nächtlichen Gestalten wie Fledermäusen vermuten wir dunkle Machenschaften. Bei Aesop leiht sich eine Fledermaus Geld für ein Geschäftsvorhaben, und als es nicht gelingt, versteckt sie sich tagsüber vor ihren Gläu-

bigern und wird so zu einem lichtscheuen, verschlagenen Wesen. Kaum hatte jemand im Südamerika des 16. Jahrhunderts die Vampirfledermaus beschrieben, wurde sie schon freudig in den bestehenden Vampirglauben übernommen, und so musste sich Bram Stoker ihrer nur noch bedienen, als er seinen 1897 erschienen Roman *Dracula* verfasste: »Ein hoch gewachsener alter Mann, glatt rasiert bis auf einen langen weißen Schnurrbart und schwarz gekleidet vom Kopf bis zu den Füßen; kein heller Fleck war an ihm zu sehen.« (Oft wird vergessen: Stokers Dracula ist ein älterer Herr.) Trug man eine Fledermaus im Wappen, symbolisierte sie ein Bewusstsein für die Mächte des Chaos, die Verwandtschaft mit der Hölle.

Aber im Dunkel steckt auch Anmut: Bei den Navajo gilt die Fledermaus als das älteste Wesen der Welt. Geschaffen, als die Welt nichts als Schwärze war, flog sie in Begleitung von zwölf Insekten über die neugeborene, finstere Erde. Eine zu dunkle Dunkelheit gibt es für Fledermäuse natürlich nicht, denn sie verfügen über eines der ausgefeiltesten Zeugnisse evolutionärer Finesse: die Echoortung.

Lange haben wir gebraucht, um herauszufinden, wie Fledermäuse sich so sicher durch die Nacht bewegen. Jahrhundertelang galt die Annahme, sie könnten einfach sensationell gut im Dunkeln sehen, und so erdachten die Menschen weitere Hausmittel: In Teilen des amerikanischen Mittleren Westens bewirkte angeblich das Eintauchen der Augen in Fledermausblut, dass man im Dunkeln sehen konnte. Obwohl Fledermäuse bei Tag ganz hervorragend sehen – dreimal schärfer als Menschen –, durchdringen ihre Augen die Finsternis nicht. Ihr Gehör übernimmt das für sie.

Im Jahr 1793 entdeckte der italienische Wissenschaftler Lazzaro Spallanzani, dass seine zahme Eule, sobald er seine Lesekerze ausblies, geradewegs gegen die Wand flog. Die heimischen Fledermäuse hingegen bewegten sich ebenso geschwind und gewandt wie bei Tageslicht. Er wurde neugierig und verklebte drei wilden Fledermäusen die Augen mit Vogelleim, doch das Ergebnis blieb dasselbe. Dann entfernte er einer Fledermaus die Augäpfel und stellte fest: »[Sie] flog rasch […] so schnell und sicher wie ein unverletztes Tier […] mein Erstaunen über diese Fledermaus, die, wenngleich ihrer Augen beraubt, ganz bestimmt sehen konnte, vermag ich nicht zu beschreiben.« Als Reaktion auf Spallanzanis Ergebnisse unternahm der Schweizer Zoologe

Charles Jurine den Versuch, Fledermäusen die Ohren mit Wachs zu verschließen, worauf die Tiere flogen, als seien sie betrunken. Aus weiteren grausamen Experimenten mit Paraffin, bei denen auch das Innenohr von Fledermäusen durchstochen wurde, folgerten die beiden, für den Flug der Tiere müsse das Gehör entscheidend sein. Es sollte aber noch einmal hundert Jahre dauern, bis die Echoortung völlig verstanden wurde.

Fliegt eine Fledermaus durch die Nacht, sendet sie einen Schrei von einer so hohen Frequenz aus, dass menschliche Schallwellen dagegen lahm und lustlos wie das Geplätscher am Strand wirken. Das Echo des Schreis, zurückgeworfen von den umliegenden Objekten, dringt ins Ohr der Fledermaus, und so entsteht aus den Schallwellen ein Bild der Umgebung, das sogar Einzelheiten über die Haarigkeit eines vorbeifliegenden Insekts und die Anzahl seiner Beine umfasst. Fledermäuse sind virtuose Mathematiker: Um auszurechnen, wie weit ein Ziel entfernt ist, messen sie die Zeit, die zwischen dem Ruf und dem Eintreffen des Echos vergeht, und setzen sie ins Verhältnis zu ihrem angeborenen Gespür für Schallgeschwindigkeit. Beginnt eine Fledermaus mit der Jagd, sind die Pausen zwischen den Schallimpulsen größer; sie horcht herum nach Beute. Ist ein Insekt ausgemacht, überlagern sich die hochintensiven Ultraschallrufe, die bis zu 200 Kilohertz erreichen: Wellen mit mehr als 200 000 Zyklen pro Sekunde. Ihr Echo wird so präzise ausgewertet, dass die Fledermaus Drähten ausweichen kann, die dünner sind als ein menschliches Haar. Sie belauschen zu wollen ist hoffnungslos. Der durchschnittliche Frequenzbereich des menschlichen Gehörs reicht von mickrigen 20 Hertz bis zu 20 Kilohertz, bei Fledermäusen hingegen ist er riesig: von 11 bis 212 Kilohertz – aber wenn wir sie hören könnten, würden wir taub werden. Die Rufe, die sie in die Welt hinaussenden, sind laut: Das Große Hasenmaul kann Schreie von 140 Dezibel ausstoßen – so laut ist es 30 Meter hinter einem Düsentriebwerk, das inmitten eines Rockkonzerts steht.

Sie sind solche Kenner der Dunkelheit, dass es eine Beleidigung wäre zu glauben, sie würden sich aus Tollpatschigkeit in unseren Haaren verfangen. Mithilfe der Echoortung können sie stecknadelkopfgroße Mücken schnappen: Also können sie auch uns wahrnehmen und ausweichen. Natürlich sind einzelne kranke oder verwirrte Tiere oder solche, die in großen Schwärmen fliegen, schon mal in unserer Frisur hängen geblieben, eine Vorstellung, die sowohl Schrecken als auch Faszination bei uns erzeugt. In Frankreich galt es früher als Vorzeichen einer stürmischen, unglücklichen Liebesaffäre, wenn sich eine Fledermaus in den Haaren einer Frau verfing; in Irland bedeutete es, dass man sich auf dem besten Weg in Richtung Hölle befand. Wer aber die Technik der Fledermäuse studiert, dem können sie wahrhafte Wunder bieten. Der blinde Unternehmer Daniel Kish aus Kalifornien hat sich als Kind selbst eine Echoortung mithilfe von Zungenklicks beigebracht. Wenn er durch die Vororte spaziert, erkennt er Bäume und Mauern, und auch beim Fahrradfahren orientiert er sich an einem Bild der Welt, das aus Schallimpulsen entsteht.

Mit ihrem Mausgesicht und den durchscheinenden Flügeln ähneln Fledermäuse keinem anderen irdischen Wesen. Aristoteles hielt sie für Vögel. Dann kamen ihm angesichts des fehlenden Schwanzes und der mausähnlichen Füßchen doch Bedenken, und er änderte seine Meinung: In *De Partibus Animalium* ordnete er sie »in der Mitte« ein – dem Platz für all die lästigen Tiere, die zwei Klassen zugleich angehören: bei den Seehunden mit ihren Flossenfüßen und den Straußen, Vögeln mit »Federn, die Haaren gleichen und zum Fliegen nicht taugen«. Doch Aristoteles tat ihnen unrecht: Fledermäuse sind nichts anderes als sie selbst und das in reicher Fülle. Die Welt kennt mehr als 1100 Fledermausarten, das ist mehr als ein Viertel aller Säugetiere. Und sie sind ein viel zu selten besungenes nächtliches Entzücken: Zu ihrer Familie zählt das Braune Langohr, dessen Ohren halb so lang sind wie der Körper, die Schwarzweiße Schmetterlingsfledermaus, die an eine Hummel erinnert, und die Honduras-Zwergfledermaus mit einem weißen Körper, gelben Ohren und gelber Nase. In Thailand lebt die Wollfledermaus *Kerivoula picta,* deren Körper orangefarben leuchtet und die »Schmetterling« genannt wird. Die kleinste Fledermaus der Welt wiederum, die Schweinsnasen- oder Hummelfledermaus, wird nicht größer als ein Daumen. Aber unsere Begeisterung für alles Winzigkleine bedeutet für sie den Tod. Sie gehört zu den sechsundsechzig Fledermausarten, die als »vom Aussterben bedroht«, »stark gefährdet« oder »gefährdet« eingestuft werden: Da immer mehr Touristen zu den Höhlen in Thailand strömen, um die Fledermäuschen zu sehen, und die Höhlen besucherfreundlicher gemacht werden, geht ihre Anzahl zurück. Es ist das alte Lied mit seinen tausendfachen Variationen: Unser Vergnügen lässt ihre Bestände schrumpfen.

Fast hätten Fledermäuse Tokio niedergebrannt; und

womöglich hätte das Hiroshima gerettet. Während des Zweiten Weltkriegs hatte der US-amerikanische Zahnarzt Lytle S. Adams eine Idee: Er versuchte, Mexikanische Bulldoggfledermäuse als kleine Brandbomben mit Zeitzünder zu benutzen. Der Plan war, sie per Fallschirm in einer Bombenhülle abzuwerfen, und sobald diese sich öffnete, würden unzählige Fledermäuse herausdrängen und sich auf den Holzhäusern in ganz Tokio niederlassen. Durch die Detonation per Zeitzünder würde die Stadt in Flammen aufgehen. Fledermäuse, so Adams, seien »von Gott [dazu bestimmt], dieser Stunde entgegenzusehen, um ihren Beitrag zu dem Projekt des freien menschlichen Daseins zu leisten und jeglichen Versuch derjenigen, die unsere Lebensweise zu schänden wagen, zu unterbinden«. Roosevelt sagte über ihn: »Der Mann ist kein Spinner. Sein Plan ist zwar vollkommen verwegen, aber es lohnt sich sicher, ihn genauer zu betrachten.« Schließlich war es jedoch komplizierter, als Adams erwartet hatte: Bei einem Test wurden die Fledermäuse zum falschen Zeitpunkt freigelassen, und statt sich über ein weites Gebiet zu verteilen, ließen sie sich in einem großen Haufen unter einem Treibstofftank nieder und jagten das Testzentrum in die Luft. Der Plan wurde aufgegeben, und eine neue Idee kam auf den Tisch: die Atombombe.

DER THUNFISCH

Ernest Hemingway war von Thunfischen geradezu elektrisiert: von ihrer Größe und ihrer Kraft. Sie werden so groß wie ein Grizzlybär, und deshalb liebte er sie. Die meisten erreichen eine Länge von 1,80 Meter, doch die größten Ausreißer der größten Art, des Blauflossen-Thunfischs, können doppelt so groß werden und mehr als 600 Kilogramm wiegen. Nachdem Hemingway 1922 vom Hafen der spanischen Stadt Vigo aus eine Schule Thunfische bei der Jagd auf einen Sardinenschwarm beobachtet hatte, schrieb er in einer Zeitungsreportage über einen großen Thunfisch, »der mit brodelndem Krachen durchs

Wasser pflügt und [...] mit dem Getöse eines Pferdes, das von der Kaimauer in den Hafen springt, ins Wasser zurückfällt.«

Dank des enormen Gewichts der Tiere konnte er den Thunfischfang als heroisches Ringen begreifen: pure Männlichkeit im Kampf gegen den Ozean. Er schrieb:

> *[W]enn man nach sechs Stunden einen großen Thunfisch gefangen hat, Kampf Mann gegen Fisch, bis die Muskeln gegen die unausgesetzte Belastung rebellieren, und man ihn endlich, grünblau und silbern, im trägen Ozean, längsseits des Bootes gezogen hat, ist man geläutert und kann furchtlos vor die sehr viel älteren Götter treten, die einen willkommen heißen werden.*

Das ist der Stil eines Mannes, der sich tief im Inneren danach sehnt, einen Fisch mit einem einzigen Schlag aus dem Meer zu befördern. Der Thunfisch war wie gemacht für ihn: Wäre es möglich gewesen, er hätte ihm Boxhandschuhe übergestreift und ihn in knappe Shorts gesteckt.

In der papuanischen Mythologie ist der Thunfisch der Vater der Sonne. Es wird erzählt, wie eine Frau, die im Wasser mit einem riesigen Thunfisch spielt, plötzlich spürt, wie sich etwas an ihrem Bein reibt. Nach und nach schwillt das Bein an, sie schneidet die Schwellung auf, und heraus kommt ein Baby. Die anderen Kinder verspotten den Jungen, der Dudugera heißt, das »Bein-Kind«, und er entwickelt sich zu einem aggressiven, zornigen Menschen, einem Kämpfer. Da seine Mutter um seine Sicherheit besorgt ist, bringt sie ihn zum Wasser, um ihn seinem Vater zurückzugeben. Der große Thunfisch erscheint und nimmt den Jungen in sein Maul. Doch ehe Dudugera mit seinem Vater hinabtaucht, rät er seiner Mutter, sich zu verstecken, denn er werde bald zur Sonne. Dudugera steigt hinauf zum Himmel und verbrennt die Erde mit allem, was darauf ist. Um seine Zerstörungskraft zu mildern, wirft seine Mutter eines Morgens bei Sonnenaufgang Kalk ins Gesicht des Gestirns, und daraus entstehen Wolken, die die Welt vor seiner Grausamkeit schützen. Thunfische bevölkern große, wilde Geschichten, die am Beginn der Zeit spielen.

Ihr Name kommt von »eilen, rasen«, sie sind Torpedos im Wasser. Von den fünfzehn Thunfischarten finden sich drei besonders häufig in Supermarktkonserven: der Echte Bonito, der Weiße Thun und der Gelbflossen-Thun, doch der wunderbarste, flinkste und größte ist der Blauflossen-

Thunfisch. Sein Rücken changiert zwischen nachtblau und silbern, und der Bauch ist strahlend weiß. Beim schnellen Schwimmen klappen Blauflossen-Thuns ihre Rückenflossen ein, dann rasen sie mit 70 Kilometern pro Stunde dahin, schneller als ein Weißer Hai. So perfekt hat die Evolution sie für die wilde Jagd durch das Meer ausgestattet, dass vom Pentagon finanzierte Wissenschaftler sich ihre Körperform zum Vorbild für die Unterwassergeschosse der US-Navy genommen haben. Sie wirken, als könnte ein Kind hineinpassen, wie bei der Geschichte von Jona und dem Wal. Blauflossen-Thuns schwimmen in riesigen Schwärmen von fünfhundert und mehr Fischen. Wenn man sie beobachtet, ihr Tempo, das Schäumen des Wassers, ist es, als würde man Zeuge einer rasenden Herde Meeresbüffel auf ihrer Wanderung.

Wie Hemingways »ältere Götter« erkennen auch Blauflossen-Thunfische keine Grenzen an. Geboren im Mittelmeer oder im Golf von Mexiko, jagen sie in ihrer Jugend im ganzen Atlantik – sie pendeln von Miami nach Island, von Mauretanien nach Kuba, hin und zurück, unermüdlich. Den Atlantischen Ozean überqueren sie in nur vierzig Tagen, aber zur Paarung wandern sie im eifrigen Gedränge ihres großen Schwarms zurück zu den Gewässern ihrer Geburt. Woher genau sie den richtigen Weg kennen, können wir nicht mit Sicherheit sagen: Ihr Geruchssinn ist erstaunlich, und vielleicht ermöglicht er ihnen, eine olfaktorische Karte des Ozeans anzulegen – oder sie richten sich nach den Sternen oder nach dem Magnetfeld der Erde. Wir wissen nur, dass sie jedes Jahr zur Paarungszeit an diesen Ort zurückkehren. Dann geben große Gruppen von Männchen und

Weibchen beim sogenannten Freilaichen gleichzeitig einen hoffnungsfrohen Schwall Eier und Sperma ins Wasser ab und überlassen beides seinem Schicksal. Der überwiegende Teil der Eier, die ein Weibchen das Jahr über produziert, wird nicht befruchtet. Kommt es aber doch dazu, schlüpft daraus zwei Tage später eine Larve, kaum so groß wie eine Wimper. Es ist ein ungewöhnlich prekärer Start für ein Leben, das vierzig Jahre dauern kann, falls wir – oder einer der wenigen Haie oder Zahnwale, die Thunfische fressen – das Tier nicht vorher fangen.

Anders als die allermeisten Fische sind Thunfische gleichwarme Tiere. Der besondere Aufbau ihres Blutgefäßsystems ermöglicht es ihnen, die Wärme, die sie durch Bewegung erzeugen, zu speichern, statt sie an das Meer abzugeben. Das bedeutet, dass ihre Körpertemperatur nicht vom Wasser abhängt, das sie umgibt. Deshalb sind sie ebenso beharrlich wie schnell: Weil sie extreme Schwankungen der Wassertemperatur aushalten, können sie ihre Beute bis in die pechschwarzen, eisigen Tiefen tausend Meter unter der Oberfläche verfolgen. Je kälter das Wasser wird, desto träger und unentschlossener werden andere Fische, und der Thunfisch, der ihnen nachstellt, holt seine erschöpfte Nahrung leicht ein. (Das ist ungünstig für Menschen, die Thunfisch essen. Weil der Thunfisch sich von Hunderten kleinerer Fische ernährt, die er am Stück verschlingt – Heringe, Sardinen, Makrelen –, und weil sie alle geringe Mengen Quecksilber im Körper haben, reichert sich im Fleisch des Thunfischs allmählich immer mehr Quecksilber an, das er nicht ausscheiden kann. Die Faustregel für alle, die sich keine Quecksilbervergiftung zuziehen möchten: lieber kleinere Fische essen, die in der Nahrungskette weiter unten stehen.)

Unser Appetit auf Thunfisch aller Art hat eine lange Geschichte. Bereits im ersten Jahrhundert n. Chr. dachten wir uns in ganz Europa ausgeklügelte Fallen für sie aus, etwa Labyrinthe aus Netzen, in denen sie während der Paarungszeit gefangen wurden. Doch erst nach dem Zweiten Weltkrieg, als unser Verlangen nach diesem Fisch steil anstieg, entwickelten wir auf dem Gebiet der Schleppnetzfischerei eine tödliche Effizienz und die Bereitschaft, auf der Suche nach ihm den Meeresboden zu zerstören. Ein Großteil des Fischs wird mit Langleinen gefangen, die sich, mit Köderhaken versehen, teils 70 Kilometer weit durch das Meer erstrecken und völlig undifferenziert Fische fangen. Was keinen Profit bringt, wird entsorgt. Delfine, die oft zusammen mit Thunfischen schwimmen, sind dabei Kollateralschäden: Jedes Jahr werden im Zuge der industriellen Fischerei 300 000 Wale und Delfine gefangen und als Beifang weggeworfen. Das Wasser ist voller Leichen. (Meeresbiologen zufolge sind die »Dolphin Safe«-Labels auf Fischdosen so gut wie bedeutungslos, denn das Gemetzel ereignet sich weit draußen auf dem Meer, wo eine dauerhafte Überwachung gar nicht möglich ist, und Kontrolleure können bestochen werden.) Nach manchen Schätzungen ist die Megafauna der Meere – das sind die größten Raubfische wie Thunfische, Haie oder der Schwertfisch, dessen langes, spitzes Rostrum einen Menschen töten kann – bereits zu 90 Prozent aus den Ozeanen verschwunden. Unser Hunger hingegen wächst. Kiyoshi Kimura, der Eigentümer der Sushi-Kette Sushi Zanmai, bezahlte 3,1 Millionen US-Dollar für einen 278 Kilo schweren Blauflossen-Thun – ein Weltrekordpreis. Man vermutet, dass er bei der Versteigerung künstlich hochgetrieben wurde, um die Aufmerksamkeit der Presse zu wecken und ein möglichst großes Aufsehen um den Fisch zu erregen, aber auch unabhängig davon gehört der Blauflossen-Thunfisch zu den wertvollsten Lebewesen des Planeten.

Die japanische Nobelgastronomiekette Nobu – teils im Besitz von Robert de Niro – mit ihren gedämpft beleuchteten Hochglanzrestaurants in London und LA bietet Blauflossen-Thunfisch an. Zumindest zum Zeitpunkt meiner Arbeit an diesem Buch fand man in der Speisekarte des Londoner Ablegers ein heuchlerisches kleines Sternchen mit dem Hinweis: »Blauflossen-Thunfisch ist eine bedrohte Tierart – bitte sprechen Sie Ihren Servierer auf mögliche Alternativen an«. Sashimi mit einem Schuss kognitiver Dissonanz. Als reichte dieser Satz, um das Restaurant von seiner Rolle in der Wertschöpfungskette freizusprechen. Trevor Corson, ein ehemaliger Fischer und Autor des Buchs *The Story of Sushi,* ist skeptisch bei der Frage, warum wir ihn überhaupt fangen: Bei einer Blindverkostung können die wenigsten Blauflossen- von Gelbflossen-Thun unterscheiden. Auf viele Nobu-Gäste dürfte das Sternchen nicht einmal abschreckend wirken, sondern wie ein Siegesbanner: Die Seltenheit des Fischs macht es zum Nervenkitzel, ihn zu essen. Im 15. Jahrhundert verwandelte Lorenzo de' Medici die Piazza della Signora in Florenz bisweilen in eine Jagdarena. Er ließ exotische Tiere fangen, die er auf dem Platz aussetzte, um sie massakrieren zu lassen. Im Nobu folgt man einem ähnlichen Impuls: Raritäten aus der rohen Küche.

Durch unser Medici-ähnliches Verhalten rückt das Ende des Fischs immer näher. Der Mitsubishi-Konzern kontrolliert 40 Prozent des Weltmarkts für Blauflossen-Thunfisch, und Jahr für Jahr werden enorme Fischmengen eingefroren und gehortet. Zwar behauptet Mitsubishi, auf diese Weise solle für die kommenden Jahre eine sichere Versorgung gewährleistet werden, doch Umweltschützer glauben, man spekuliere vielmehr auf einen sprunghaften Anstieg des Marktpreises, sollte der Fisch in der Natur schließlich ausgerottet werden. Dann würden die bei -60 °C lagernden Berge von Leichen – eingefroren von derselben Firma, die den Kassettenrekorder meiner Kindheit hergestellt hat – zu astronomischen Preisen verkauft.

Dieses außergewöhnlich abscheuliche Spiel hat einen Namen: Spekulation auf Ausrottung. Praktiziert wird es von all jenen, die norwegische Haiflossen, Blasen von seltenen Bären und Rhinozeroshörner sammeln; Männer und Frauen, die allein zum Lied des Geldes tanzen. Man weiß von Sammlern, die stapelweise Tigerfelle anhäufen und Fässer voll Tigerknochenwein horten. (Hergestellt wird das Getränk, indem man Teile des Tigerskeletts in Reiswein einweicht; es fermentiert acht Jahre lang und lässt sich dann unendlich lange lagern.) Sterben wildlebende Tiger aus, was in den nächsten zwanzig bis dreißig Jahren durchaus passieren könnte, wird der Wert derartiger Anlagen in ungeahnte Höhen steigen. Schon jetzt sieht es gut aus für jene, die auf völlige Vernichtung setzen: Der Südchinesische Tiger mit seinen schmalen Streifen ist seit den 1980er-Jahren nicht mehr in der Natur gesichtet worden, der Kaspische Tiger, der das dickste und prächtigste Fell aller Tiger-Unterarten hatte, ist seit dem 20. Jahrhundert in der Natur ausgerottet. Hinsichtlich des Nashorns fand eine Studie heraus, dass es: »für Individuen, die auf Profitmaximierung aus sind, […] womöglich ein Anreiz [ist], das Abschlachten von Nashörnern finanziell zu fördern, sodass der natürliche Bestand erlischt«. Es wurden schon Wilderer dafür bezahlt, auch Nashörner ohne verkäufliches Horn zu erschießen, um die endgültige Ausrottung zu beschleunigen.

Tiere sterben nicht allein durch unser Nichtstun aus: Es steckt sogar ein Anreiz dahinter. Thunfische ziehen durch eine riesige blaue Welt, und über ihnen lauern die Zocker, hüten heimlich ihre Wertanlagen und warten auf ihr Ende.

DER GOLDMULL

Das Wort »irisierend« ist von dem griechischen Wort *iris* für »Regenbogen« abgeleitet. Ein solches Schimmern in Regenbogenfarben findet man bei vielen Insekten, manchen Vögeln und einzelnen Tintenfischen, aber nur bei einem Säugetier: dem Goldmull. Manche Goldmullarten sind schwarz, andere silbern oder gelbbraun, doch bei unterschiedlichem Licht, aus unterschiedlichen Winkeln betrachtet, changiert ihr Fell zwischen Türkis, Marineblau, Violett, Gold. Sie sehen aus wie Maulwürfe mit einer Vorliebe für die Farben des Himmels.

Doch der Goldmull ist kein Maulwurf. Näher verwandt ist er mit dem Elefanten, und obwohl die meisten so klein sind, dass sie in eine Kinderhand passen, sind sie winzige Kraftpakete: Ihre Nieren arbeiten so effizient, dass viele Arten ihr ganzes Leben ohne einen Tropfen Wasser auskommen. Ein Knochen seines Mittelohrs, der Hammer, ist stark vergrößert, sodass er enorm empfindlich auf unterirdische Vibrationen reagiert. Beim Warten, bedeckt von Boden und Sand, kann der Goldmull die Schritte der Vögel und Echsen über ihm hören und Ameisen an ihrem Tritt von Käfern unterscheiden. Der Fachbegriff »Autapomorphie« beschreibt in der Biologie ein distinktives Merkmal, das eine bestimmte Artengruppe gegenüber anderen einzigartig macht: Mit ihren kräftigen Vorderbeinen und den durch Membranen verbunden Zehen sind Goldmulle von Fachleuten bereits als »spektakulär autapomorph« bezeichnet worden. Sie sind mit nichts anderem zu vergleichen, und das schon viel länger als wir: Sie sind quasi Fossilien aus dem Miozän, einem rund 5 bis 23 Millionen Jahre zurückliegenden Zeitalter. Sie schimmern bereits sehr lange.

Es gibt einundzwanzig Goldmullarten, die alle in Afrika südlich der Sahara heimisch sind. Wie so oft in derartigen Fällen sind viele nach Männern benannt. Eine Art heißt Grants Goldmull (nur acht Zentimeter lang, lebt nur in der Wüste Namib und ist auch bekannt als »Dünenhai«), eine andere ist Marleys Goldmull (rötlich braun, lebt ausschließlich in zwei kleinen Gebieten an den Osthängen der Lebomboberge). Außerdem gibt es den Robusten Goldmull (alles andere als robust: stirbt wohl durch den weitreichenden Verlust seines südafrikanischen Lebensraums gerade aus), und die größte Art ist der Riesengoldmull. Mit seinen 23 Zentimetern Länge könnte er es im Kampf mit allen anderen aufnehmen, aber gegen unseren Zerstörungsdrang, gegen unsere Waldrodungen und Bergwerke kommt er nicht an, deshalb ist er von allen Goldmullen am stärksten gefährdet. Mehr als die Hälfte aller Arten ist heute durch Umweltverschmutzung und den Verlust ihres Lebensraums vom Aussterben bedroht: Wenn wir sie verlieren, verlieren wir das einzige Regenbogensäugetier der Welt, und das wäre eine derart groteske Dummheit, dass wir nicht mit Vergebung rechnen dürften.

Und dann ist da die einundzwanzigste Art, der Somalia-Goldmull, der Yeti unter den Goldmullen, den niemand

je gesehen hat. Im Jahr 1964 durchforstete Professor Alberto Simonetta vom zoologischen Institut der Universität Florenz die Fundstücke aus einem nicht länger genutzten Backofen in Somalia. Darin hatte eine Schleiereulenfamilie gelebt, und in einem ihrer Gewölle fand Simonetta die losen Knochen eines Goldmulls, unter anderem den »rechten Ast des Unterkiefers«. Dieser zarte Kieferknochen, kaum größer als ein abgeschnittener Daumennagel, passte zu keiner der bekannten Spezies, und so kam *Calcochloris tytonis* – der Somalia-Goldmull – auf die Artenliste. Simonetta suchte überall nach einem lebenden Exemplar, versprach Kindern für jedes überbrachte Tier einen Shilling, aber es wurde keines gefunden, und so ist das einzige Zeugnis seines Lebens der 29-seitige Aufsatz des Professors mit dem Titel *Ein neuer Goldmull aus Somalia mit einem Anhang über die Taxonomie der Familie Chrysochloridae*. Auf der Roten Liste der vom Aussterben bedrohten Tierarten der IUCN steht der Somalia-Goldmull in der Kategorie »ungenügende Datengrundlage«. Dasselbe trifft auf 14 Prozent aller Säugetiere zu – wie zur Erinnerung, dass wir gar nicht wissen, welche Wesen die Welt mit uns teilen, und wie viele es davon gibt. Schon über den Goldmull wissen wir nur sehr wenig, über den Somalia-Goldmull jedoch wissen wir nichts: weder, welche Farbe er hat, noch, ob er heimlich in einem bisher unerforschten Fleckchen unserer Erde massenhaft vorkommt, noch ob der, den die Eule fraß, womöglich der letzte war.

Das vielleicht größte Geheimnis ist die Frage, warum der Goldmull sich zu einem leuchtenden Tier entwickelt hat. Ein Objekt schillert, wenn sich Lichtwellen aufgrund seiner Oberflächenstruktur so überlagern, dass ein Wechselspiel zwischen unterschiedlichen Farben entsteht: Dieses Phänomen kommt in der Natur recht häufig vor, doch anscheinend steckt immer ein offenkundiger Zweck dahinter. Die Flügel der *Morpho*-Schmetterlinge, zum Beispiel, sind von einem so leuchtenden und komplexen Blau überzogen, dass wir es bislang nicht geschafft haben, es in Tinte und Farbe wiederzugeben. Man vermutet, dass die Falter durch ihr Schillern mit anderen *Morphos* über große Entfernungen kommunizieren, indem sie mit den Flügeln ultraviolettes Licht spiegeln. Das Männchen des Zimtkolibris hat ein changierendes orangefarbenes Lätzchen, wie eine Renaissance-Halskrause in bunten Farben. Will es eine Partnerin beeindrucken, plustert es die Nackenfedern auf, erhebt sich in den Himmel und schießt dann in einem solchen Tempo hinab, dass man hören kann, wie sich die Luft vor ihm teilt. Einmal, betrunken an einem Valentinstag, habe ich versucht, meine Portion Hühnchen mit einer klumpfüßigen Londoner Taube zu teilen – und bemerkte im Licht der Straßenlaterne zum ersten Mal, wie das schillernde Halsgefieder dieser Vögel, aus dem richtigen Winkel betrachtet, zwischen Petrol und Magenta changiert.

Alle diese Tiere schillern aus einem bestimmten Grund. Aber der Goldmull ist blind. Seine Augen sind mit Haut und Fell bedeckt, und er hat sein eigenes Strahlen noch nie gesehen. Er lebt so gut wie ständig unterirdisch, einen halben Meter unter der Oberfläche, in den kühleren Tiefen von Erde und Sand, die er nur auf der Jagd nach Insekten verlässt. Heute nimmt man an, dass er ein Fell entwickelt hat, das glattgestrichen möglichst dicht ist und dabei strapazierfähig und reibungsarm, um ihm das Graben zu erleichtern. Das Schillern ist dabei ein Zufallsprodukt; Pracht ohne Notwendigkeit oder Zweck, hervorgebracht durch die allmähliche Verfeinerung der Natur. Und so graben und jagen sie und vermehren sich, so leben und sterben sie unter der Sonne Afrikas, blind für ihre eigene Schönheit, ihr unbewusstes Funkeln.

Damit sind sie nicht allein. Auch der Mensch ist ein leuchtendes Wesen. Wir verfügen über eine unendlich feine Biolumineszenz: Durch chemische Reaktionen gibt der menschliche Körper Photonen ab, Elementarteilchen des Lichts. Dieses Licht ist tausendmal schwächer als das, was das menschliche Auge wahrnehmen kann, aber es leuchtet beständig und entsteht vor allem im Gesicht. Wie der Goldmull besitzen auch wir ein für uns selbst unsichtbares Leuchten.

DER MENSCH

Die Welt ist so kostbar und unbändig schön: bevölkert von so vielen Merkwürdigkeiten und gefährdeten wundersamen Dingen. Die menschliche Aufmerksamkeit – aktive, informierte, anhaltende Aufmerksamkeit – ist vielleicht eines der kostbarsten und mächtigsten unter ihnen.

Dieses Buch soll Sie umwerben. Es bittet um Ihre Aufmerksamkeit und lädt Sie ein zu staunen. Denn so viel kann noch gerettet werden. Furcht und Wut setzen etwas in Bewegung, doch sie allein reichen nicht aus: Es muss unsere kenntnisreiche und aufmerksame Liebe sein, die uns antreibt. Welcher nämlich ist der wertvollste Schatz? Das Leben: alles, was lebt, sowie die Erde, auf die alle Wesen angewiesen sind: Narwal, Spinne, Pangolin, Mauersegler, der fehlerhafte, leuchtende Mensch. Dieses Buch ruft uns auf, unsere Schätze noch entschlossener und mit eisernem Willen zu bewahren.

Zum Schluss eine Geschichte.

Sie handelt von uns Menschen und unserem Umgang mit Schätzen: die Geschichte der Sibyllinischen Bücher. Sie enthielten eine Sammlung von Orakelsprüchen in griechischen Versen, verfasst um das Jahr 510 v. Chr. Laut der Überlieferung bot eine betagte Sibylle – eine Wahrsagerin – dem letzten König von Rom neun Bücher mit den Prophezeiungen der Welt zum Kauf an. Die offenbar wahre Geschichte dieses Handels ist viele Hundert Mal nacherzählt worden, allen voran von dem römischen Grammatiker Aulus Gellius in seinem Werk *Noctes Atticae* (*Attische Nächte,* ca. 177 n. Chr.), im folgenden Jahrhundert von Origen von Alexandria sowie in *Die Letzten ihrer Art* von Douglas Adams, dessen Version der Geschichte diesem Text zugrunde liegt. Und die Geschichte – frei (sehr frei) nacherzählt – geht so:

Es war einmal eine großartige, blühende Stadt, deren Bewohner Feste feierten, hart arbeiteten und ein geschäftiges Leben führten. Eines Tages im Frühling kam eine alte Frau in zerlumpten Kleidern in die Stadt. Bei sich trug sie neun Bücher, die alle Weisheit und sämtliches Wissen enthielten, alle bislang ungelüfteten Geheimnisse der Welt. Sie würde, sagte sie, die neun Bücher für einen großen Sack Gold verkaufen. (Aulus Gellius nennt keinen genauen Preis, spricht aber von einem »enormen, maßlosen Betrag«.)

Die Stadtbewohner fanden das halbwegs amüsant und zugleich irgendwie lästig; diese Frau verstehe wohl kaum etwas von Wirtschaft, von Marktwerten und überhaupt von Gold, und solle doch einfach ihre Bücher nehmen und verschwinden.

»Wie ihr wünscht«, sagte sie – doch zuerst werde sie drei der Bücher verbrennen.

Fein säuberlich machte sie auf dem Platz ein Feuerchen, verbrannte drei der Bände, in denen alle Geheimnisse der Welt enthalten waren, und ging ihres Weges, die Luft noch voller Rauch.

In diesem Jahr herrschte ein strenger Winter mit Hochwasser und Schneestürmen, doch den Bürgern der Stadt ging es noch mehr oder weniger gut. Als der Sommer erneut alles erstrahlen ließ, kehrte die alte, weise Frau zurück.

Wie denn das Geschäft mit den verborgenen Geheimnissen der Welt liefe, fragten die Leute.

Gut, sagte die Frau, und sie würde ihnen die sechs verbleibenden Bücher gern verkaufen: zwei Drittel der Weisheit der Welt und aller ihrer Geheimnisse. Der Preis sei allerdings gestiegen: auf zwei Säcke Gold.

Das sei unerhörter Wucher, meinten die Bürger: Sie könne doch für zwei Drittel der Weisheit den Preis nicht verdoppeln. Die alte Frau zuckte die Schultern und bat um ein Streichholz. Drei weitere Bücher gingen in Flammen auf.

Wieder wurde es Winter, und diesmal war er härter und kälter, und mehr Menschen starben, als man auf die leichte Schulter hätte nehmen können. Doch als die Sonne wieder schien, ging es allen besser.

Die alte Frau kam zurück, in der Tasche drei Bücher. Für vier Säcke Gold könnten sie sie haben. Die Stadtbewohner, die tadellos rechnen konnten, kicherten nervös. Meinte sie das etwa ernst?

Die alte Frau bat um Feuerholz.

»Warte!«, sagten die Leute: Vielleicht könne man zumindest mal einen Blick darauf werfen. Sie solle ihnen die Bücher geben: Dann könnten sie in Ruhe debattieren und beratschlagen und, irgendwann in unbestimmter Zukunft, würden sie ihr mitteilen, ob ihrer Meinung nach etwas Wertvolles drinstehe oder nicht.

Die alte Frau schüttelte den Kopf. »Wenn ich euch wie gesagt um Feuerholz bitten dürfte?«

Sie weigerten sich, ihr welches zu bringen.

»Ihr wollt die Bücher nicht?«

»Nicht zu diesem Preis: Das können wir uns nicht leisten. Man muss doch realistisch bleiben.«

Da zuckte die alte Frau mit den Schultern. Sie sammelte einen Haufen trockenes Gras, das von der Heuernte übriggeblieben war – die in diesem Jahr wenig eingebracht hatte –, warf zwei Bücher in dessen Mitte und zündete sie an. Sie verbrannten rasch.

Als sie im folgenden Frühling zurückkehrte, unter dem Arm das letzte Buch, erwarteten die Stadtbewohner sie bereits. »Wir wissen schon«, sagten sie. »Acht Säcke Gold. Haben wir hier.«

»Der Preis«, sagte die alte Frau, »beträgt sechzehn Säcke Gold.«

»Aber«, sagten die Bürger, »wir haben acht einkalkuliert!«

»Sechzehn ist günstig«, sagte sie.

»Aber das ist lächerlich!«

Die alte Frau setzte auf die Kraft ihrer Augenbrauen, und die Weisen unter den Leuten erschauderten. »Das ist tatsächlich günstig. Dieses Buch hat größeren Wert als alles Gold.«

»Es war ein hartes Jahr! Wir haben es schwer.«

Die alte Frau, die schon angefangen hatte, in erstaunlichem Tempo Kleinholz zu sammeln, sagte nichts.

Die Stadtbewohner rannten zurück zu ihren Häusern, stritten erbittert, hatten aber schließlich das Gold beisammen. Sie schleppten die sechzehn Säcke zur Frau, die auf ihren Holzstoß soeben das letzte Buch gelegt hatte.

Sie ergriffen es gierig, hoffnungsvoll und verzweifelt.

Die alte Frau nickte und lud die Goldsäcke auf zwei kräftige Pferde, dann wandte sie sich um und verließ die Stadt.

»Wir wollen doch hoffen«, riefen sie der kleiner werdenden Gestalt nach, »dass es den Preis auch wert ist.«

»Natürlich«, erwiderte die alte Frau. »Natürlich. Es ist verblüffend.«

Sie erreichte das Stadttor. Ohne sich umzudrehen, sagte sie: »Ihr hättet mal sehen sollen, was alles verbrannt ist.«

Und damit ließ sie die Menschen zurück mit einem Bruchteil aller Weisheit und allen Wissens, aller Geheimnisse und unentdeckter Schönheit, die es auf der Welt einmal gegeben hatte: auf dass sie daraus noch so viel Gutes machten, wie sie konnten, und die verbleibenden Schätze bewahrten, so gut sie es vermochten.

HINWEIS DER AUTORIN

Die Hälfte aller Autorinnenhonorare für dieses Buch werden jetzt und in Zukunft zwei Wohltätigkeitsorganisationen zugutekommen, die sich für die Eindämmung des Klimawandels und der Umweltzerstörung einsetzen – jeweils an Land und auf dem Meer. Durch Ihren Kauf unterstützen Sie diese Projekte, wofür ich Ihnen von Herzen danke.

DANKSAGUNG

Meinen größten Dank schulde ich Mary-Kay Wilmers, Herausgeberin und Mitgründerin der Zeitschrift *London Review of Books,* und Alice Sprawls, ihrer Nachfolgerin als Mitherausgeberin. Manche Tiere in diesem Buch sind zuerst dort erschienen, und ich bin der Redaktion sehr dankbar, dass sie ihnen eine Heimat gegeben hat.

Ein riesiges Dankeschön gilt auch Vikrom Mathur für seine Großzügigkeit und sein wissenschaftliches Fachwissen sowie Amy Jeffs, die mir vor langer Zeit von der Existenz des Goldmulls erzählt hat. Und noch so vielen anderen schulde ich so große Dankbarkeit und Liebe, dass es ein weiteres Buch füllen würde.

All jenen, die wissen, dass sie gemeint sind: Vielen Dank!

WEITERFÜHRENDE LITERATUR

Der Wombat

John Simons: *Rossetti's Wombat: Pre-Raphaelites and Australian Animals in Victorian London.* Hendon: Middlesex University Press, 2008.

Nicole Starbuck: *Baudin, Napoleon and the Exploration of Australia.* London und New York: Routledge, 2015.

Larry Vogelnest und Rupert Woods (Hgg.): *Medicine of Australian Mammals.* Clayton: CSIRO Publishing, 2008.

Der Grönlandhai

J. D. Borucinska et al.: »Ocular lesions associated with attachment of the parasitic copepod Ommatokoita elongata (Grant) to corneas of Greenland sharks, Somniosus microcephalus«, *Journal of Fish Diseases* 21:6 (1998), S. 415–22.

Julius Nielsen, Jan Heinemeier et al.: »Eye lens radiocarbon reveals centuries of longevity in the Greenland shark (Somniosus microcephalus)«, *Science* 353 (2016), S. 702–4

Morten Strøksnes: *Das Buch vom Meer oder Wie zwei Freunde im Schlauchboot ausziehen, um im Nordmeer einen Eishai zu fangen, und dafür ein ganzes Jahr brauchen.* Aus dem Norwegischen von Ina Kronenberger und Sylvia Kall. München: DVA, 2016

Die Giraffe

Michael Allin: *Zarafa: die außergewöhnliche Reise einer Giraffe aus dem tiefsten Afrika ins Herz von Paris.* Aus dem Amerikanischen von Wolfgang Schuler. München und Zürich: Diana-Verlag, 1999.

Matilda E. Dunn et al.: »Investigating the international and pan-African trade in giraffe parts and derivatives«, *Conservation Science and Practice* 3:5 (2021), e390.

Bryan Shorrocks: *The Giraffe: Biology, Ecology, Evolution and Behaviour*. New York: John Wiley & Sons, 2016.

Der Mauersegler

Susanne Åkesson et al.: »Migration routes and strategies in a highly aerial migrant, the common swift Apus apus, revealed by light-level geolocators«, *PLoS ONE* 7(7) (2012), e41195.

Anders Hedenström et al: »Annual ten-month aerial life phase in the common swift Apus apus«, *Current Biology* 26:22 (2016), S. 3066–70.

David und Andrew J. Lack: *Swifts in a Tower.* Lewes: Unicorn Publishing, 2018.

Der Lemur

Peter M. Kappeler und J. Ganzhorn: *Lemur Social Systems and Their Ecological Basis.* Springer Science & Business Media, 2013.

Ivan Norscia und Elisabetta Palagi: *The Missing Lemur Link: An Ancestral Step in the Evolution of Human Behaviour.* Cambridge: Cambridge University Press, 2016.

Elwyn Simons und David M. Meyers: »Folklore and beliefs about the aye aye (Daubentonia madagascariensis)«, *Lemur News* 6 (2001), S. 11–16.

Der Einsiedlerkrebs

Jennifer E. Angel: »Effects of shell fit on the biology of the hermit crab Pagurus longicarpus (Say)«, *Journal of Experimental Marine Biology and Ecology* 243: 2 (2000), S. 169–84.

Aleksandr Mironenko: »A hermit crab preserved inside an ammonite shell from the Upper Jurassic of central Russia: Implications to ammonoid palaeoecology«, *Palaeogeography, Palaeoclimatology, Palaeoecology* 537 (2020), e109 397.

Judith S. Weis: *Walking Sideways: The Remarkable World of Crabs*. Ithaca, NY: Comstock Publishing Associates, 2012.

Die Robbe

Gisela Heckel und Yolanda Schramm (Hgg.): *Ecology and Conservation of Pinnipeds in Latin America*. Cham (Schweiz): Springer Nature Switzerland, 2021.

Colleen Reichmuth und Caroline Casey: »Vocal learning in seals, sea lions, and walruses«, *Current Opinion in Neurobiology* 28 (2014), S. 66–71.

Marianne Riedman: *The Pinnipeds: Seals, Sea Lions, and Walruses*. University of California Press, 1990.

Der Bär

Thomas Browne: *Des vortrefflichen Engelländers* THOME BROWN, *der Arzney Dr.,* PSEVDODOXIA EPIDEMICA, *Das ist: Untersu-*

chung derer Irrthümer so bey dem gemeinen Mann und sonst hin und wieder im Schwange gehen. Deutsch von Christian Peganium. Frankfurt und Leipzig: Christoff Riegels Verlag, 1680.

Caroline Grigson: *Menagerie: The History of Exotic Animals in England.* Oxford University Press, 2015.

Terence Hawkes: *Shakespeare in the Present.* London und New York: Routledge, 2002.

Der Narwal

Zackary Graham et al.: »The longer the better: evidence that narwhal tusks are sexually selected«, *Biology Letters* 16:3 (2020).

Geir Hønneland und Leif Christian Jensen: *Handbook of the Politics of the Arctic.* Cheltenham, UK, und Northampton, MA: Edward Elgar Publishing, 2015.

Martin Nweeia et al.: »Sensory ability in the narwhal tooth organ system«, *The Anatomical Record* 297:4 (2014), S. 599–617.

Die Krähe

Heather Cornell et al.: »Social learning spreads knowledge about dangerous humans among American crows«, *Proceedings of the Royal Society* 279 (2011), S. 499–508

Nathan Emery und Frans B. M. Waal: *Bird Brain: An Exploration of Avian Intelligence.* Princeton und Oxford: Princeton University Press, 2016.

Mark Walters: *Seeking the Sacred Raven: Politics and Extinction on a Hawaiian Island.* Washington: Island Press, 2012.

Der Hase

P.J. Edwards et al.: »Review of the factors affecting the decline of the European brown hare, Lepus europaeus«, *Agriculture, Ecosystems and Environment* 79:2–3 (2000), S. 95–103

Alan Kors und Edward Peters (Hgg.): *Witchcraft in Europe, 400–1700*. Philadelphia: University of Pennsylvania Press, 2001.

Marianne Taylor: *The Way of the Hare*. London: Bloomsbury, 2017.

Der Wolf

Barry Lopez: *Of Wolves and Men* (aktualisierte Ausgabe), New York, London, Toronto, Sydney: Scribner, 2004.

L. David Mech und Luigi Boitani (Hgg.): *Wolves: Behavior, Ecology, and Conservation*. Chicago und London: The University of Chicago Press, 2003.

Alanna Skuse: »Wombs, worms and wolves: constructing cancer in early modern England«, *Social History of Medicine* 27:4 (2014), S. 632–48.

Der Igel

Peter Brears: *Cooking and Dining in Medieval England.* London: Prospect Books, 2008.

Elizabeth Morrison (Hg.): *Book of Beasts: The Bestiary in the Medieval World*. Los Angeles, CA: Getty Publications, 2019.

C. Plinius Secundus d. Ä.: *Naturkunde*. Lateinisch – deutsch. Herausgegeben und übersetzt von Roderich König in Zusammenarbeit mit Gerhard Winkler. Wissenschaftliche Buchgesellschaft Darmstadt, 1976.

Der Elefant

Henry Du Pré Labouchère: *Aus dem Tagebuche eines Belagerten.* Leipzig: Verlag von I. H. Webel, 1871.

Prithiviraj Fernando et al.: »DNA analysis indicates that Asian elephants are native to Borneo and are therefore a high priority for conservation«, *PLoS Biology* 1:1 (2003), e6.

Michael Garstang: *Elephant Sense and Sensibility.* Amsterdam et al.: Elsevier, 2015.

Das Seepferdchen

David Abulafia: *Das unendliche Meer: die große Weltgeschichte der Ozeane.* Aus dem Englischen von Michael Bischoff und Laura Su Bischoff. Frankfurt am Main: S. Fischer, 2020.

T. R. Consi et al.: »The dorsal fin engine of the seahorse (Hippocampus sp.)«, *Journal of Morphology* 248:1 (2001), S. 80–97.

Anthony B. Wilson et al.: »The dynamics of male brooding, mating patterns, and sex roles in pipefishes and seahorses (family Syngnathidae)«, *Evolution* 57:6 (2003), S. 1374–86.

Der Pangolin

Daniel Ingram et al.: »Assessing Africa-wide pangolin exploitation by scaling local data«, *Conservation Letters* 11:2 (2018), e12389.

Bin Wang et al.: »Pangolin armor: overlapping, structure, and mechanical properties of the keratinous scales«, *Acta Biomaterialia* 41(2016), S. 60–74.

Carly Waterman et al. (Hg.): *Pangolins: Science, Society and Conservation.* London, San Diego, Cambridge, MA, Oxford: Academic Press, 2019.

Der Storch

Tim Birkhead et al.: *Ten Thousand Birds: Ornithology since Darwin*. Princeton und Oxford: Princeton University Press, 2014.

Thomas Harrison: »Birds in the Moon«, *Isis* 45:4 (1954), S. 323–30.

Otto Lilienthal: *Der Vogelflug als Grundlage der Fliegekunst. Ein Beitrag zur Systematik der Flugtechnik. Auf Grund zahlreicher von O. und G. Lilienthal ausgeführter Versuche.* Berlin: R. Gaertners Verlagsbuchhandlung, 1889.

Isabella Tree: *Wildes Land: die Rückkehr der Natur auf unser Landgut*. Aus dem Englischen von Sofia Blind. Köln: DuMont Buchverlag, 2022.

Die Spinne

Leslie Brunetta und Catherine L. Craig: *Spider Silk: Evolution and 400 Million Years of Spinning, Waiting, Snagging, and Mating*. New Haven und London: Yale University Press, 2010.

Raimondo Maria de Termeyer, bearbeitet von Burt Green Wilder: *Researches and Experiments upon Silk from Spiders, and upon Their Reproduction.* 1866. (Faksimile-Ausgabe: Kessinger Publishing, 2014.

Norman Platnick: *Spiders of the World: A Natural History*. London Ivy Press, 2020.

Die Fledermaus

Arden Christen und Joan Christen: »Dr Lytle Adams' incendiary ›bat bomb‹ of World War II«, *Journal of the History of Dentistry* 52:3 (2004), S. 109–15.

M. Brock Fenton und Nancy B. Simmons: *Bats: A World of Sci-*

ence and Mystery. Chicago und London: The University of Chicago Press, 2015.

George D. Pollak und John H. Casseday: *The Neural Basis of Echolocation in Bats*. Berlin, Heidelberg: Springer Berlin Heidelberg, 2012.

Der Thunfisch

Trevor Corson: *The Story of Sushi: An Unlikely Saga of Raw Fish and Rice*. New York, London, Neu Delhi, Toronto, Sydney, Auckland: Harper Perennial, 2008.

Charles F. Mason, Erwin H. Bulte und Richard D. Horan: »Banking on Extinction: Endangered Species and Speculation«, *Oxford Review of Economic Policy* 28:1 (2012), S. 180–92.

Jennifer Telesca: *Red Gold: The Managed Extinction of the Giant Bluefin Tuna*. Minneapolis und London: University of Minnesota Press, 2020.

Der Goldmull

Richard Girling: *The Hunt for the Golden Mole: All Creatures Great and Small, and Why They Matter*. London: Vintage Books, 2014.

M. J. Mason und P. M. Narins: »Seismic sensitivity in the desert golden mole (Eremitalpa ranti): A review«, *Journal of Comparative Psychology* 116(2) (2002), S. 158–63.

J. D. Skinner und Christian T. Chimimba: *The Mammals of the Southern African Sub-region*. Cambridge et al.: Cambridge University Press, 2005.

Der Mensch

Douglas Adams und Mark Carwardine: *Die Letzten ihrer Art: eine Reise zu den aussterbenden Tieren unserer Erde*. Aus dem Englischen von Sven Böttcher. Hamburg: Hoffmann und Campe, 1991.

Wendell Berry: *What Are People For?* Berkeley, CA: Counterpint Press, 2010.

Frantz Fanon: *Die Verdammten dieser Erde*. Deutsch von Traugott König. Frankfurt a. M.: Suhrkamp, 1966.

Aulus Gellius: *Noctes Atticae*. Bearbeitet von Jens Klug. Göttingen: Vandenhoeck & Ruprecht, 2022.

Amitav Ghosh: *Die große Verblendung: der Klimawandel als das Undenkbare*. Aus dem Englischen von Yvonne Badal. München: Blessing, 2017.

Alexis Pauline Gumbs: *Unertrunken: Was ich als Schwarze Feministin von Meeressäugetieren lernte*. Deutsch von Daniela Seel, Zürich: AKI Verlag, 2023.

bell hooks: *Alles über Liebe: neue Sichtweisen*. Aus dem amerikanischen Englisch von Heike Schlatterer. Hamburg: HarperCollins, 2021.

Steve Rayner und Elizabeth L. Malone (Hgg.): *Human Choice and Climate Change*, 4 Bd. Columbus, OH: Battelle Press, 1998.

Marilynne Robinson: *The Death of Adam: Essays on Modern Thought*. Boston und New York: Houghton Mifflin Company, 2000.

Andrew E. Snyder-Beattie et al.: »The timing of evolutionary transitions suggests intelligent life is rare«, *Astrobiology* 21:3 (2021), S. 265–78.

Rebecca Solnit: *Hope in the Dark: Untold Histories, Wild Possibilities*. Edinburgh: Canongate Books, 2016.

David Wallace-Wells: *Die unbewohnbare Erde: Leben nach der Erderwärmung*. Deutsch von Elisabeth Schmalen. München: Ludwig Buchverlag, 2019.

ZITATNACHWEIS FÜR DIE DEUTSCHE ÜBERSETZUNG

Einleitung

Ailianos: *Tierleben*. Herausgegeben und übersetzt von Kai Brodersen. Berlin / Boston: De Gruyter, 2018, S. 311.

Der Wombat

Briefwechsel zwischen Theodor Adorno und Bernhard Grzimek, 23. April 1965: https://www.fr.de/rhein-main/tierische-film-raritaeten-grzimek-11644397.html. Siehe auch: Sabine Nessel: *Kino und Ereignis. Das Kinematografische zwischen Text und Körper.* Berlin: Vorwerk 8, 2008.

Der Grönlandhai

William Shakespeare: *Macbeth*. Zweisprachige Ausgabe. Deutsch von Frank Günther. München: dtv Verlagsgesellschaft mbH & Co. KG, 2020 (12. Auflage), S. 153.

Die Giraffe

Quintus Horatius Flaccus: *De Arte Poetica Liber / Die Dichtkunst*. Lateinisch und deutsch. Einführung, Übersetzung und Erläuterung von Horst Rüdiger. Zürich: Artemis Verlags-AG, 1961, S. 13.

Cassius Dio: *Römische Geschichte*. Band II, Bücher 36–43. Übersetzt von Otto Veh. Zürich und München: Artemis Verlag, 1985, S. 374/75.

Al-Qazwînî: *Die Wunder des Himmels und der Erde.* Aus dem Arabischen übertragen und bearbeitet von Alma Giese. Lenningen: Edition Erdmann, 2004, S. 195/96.

Plinius: *Naturgeschichte. Dritter Teil.* Übersetzt von Christian Friedrich Leberecht Strack. Darmstadt: Wissenschaftliche Buchgesellschaft, 1968, S. 365. (Unveränderter Nachdruck der 1. Auflage, Bremen, 1853; Orthografie angepasst.)

Der Mauersegler

Chaucer, Geoffrey: *Canterbury-Erzählungen,* in: *Geoffrey Chaucers Werke,* Straßburg 1886, Band 2. Erstdruck: London (William Caxton) ca. 1478 (n. d.). Hier nach der Übers. v. Adolf von Düring, Straßburg: Karl J. Crübner, 1886. Permalink: http://www.zeno.org/nid/20004649613.

Auszug aus: Ted Hughes, *Wodwo.* Ausgewählt und übersetzt von Jan Wagner. Hanser Berlin, 2022, S. 103. © 2022 Hanser Berlin in der Carl Hanser Verlag GmbH & Co. KG, München. Mit freundlicher Genehmigung von Hanser Berlin.

Der Einsiedlerkrebs

William Shakespeare: *Die lustigen Weiber von Windsor.* Übersetzt von Wolf Graf Baudissin. In: Ders.: *Sämtliche Werke,* Wiesbaden: R. Löwit, 1976, S. 57.

Die Robbe

Herman Melville: *Moby-Dick oder Der Wal.* Deutsch von Matthias Jendis. München: Carl Hanser Verlag, 2001, S. 794–95.

Laxdœla Saga: die Saga von den Leuten aus dem Laxardal. Herausgegeben und aus dem Altisländischen übersetzt von Heinrich Beck. München: Eugen Diederichs Verlag, 1997, S. 43.

Der Bär

C. Plinius Secundus d. Ä.: *Naturkunde*. Lateinisch und deutsch. Buch VIII. Herausgegeben und übersetzt von Roderich König in Zusammenarbeit mit Gerhard Winkler. Darmstadt: Wissenschaftliche Buchgesellschaft, 1993, S. 97.

John Donne: »Die Liebesreise«. Übersetzt von Michael Mertens. In: Michael Mertens: *Schweig endlich still und lass mich leben.* Ein John-Donne-Lesebuch. Bonn: Verlag Franz Schön, 2017, S. 171.

William Shakespeare: *König Heinrich VI, 3. Teil.* Zweisprachige Ausgabe. Neu übersetzt und mit Anmerkungen versehen von Frank Günther. Zweite Auflage 2014. Cadolzburg: ars vivendi verlag GmbH & Co. KG., S. 137.

Thomas Browne, *Pseudodoxia Epidemica,* zeitgenössische Übersetzung von Christian Peganium (»in Teutsch Rautner genannt«) von 1680, https://www.digitale-sammlungen.de/de/view/bsb10908645?page=590&q=%22Solinus,+Plinius%22

Byron in seinen Briefen und Tagebüchern. Dargestellt von Cordula Gigon. Zürich: Artemis Verlags-AG, 1963, S. 47.

William Shakespeare: *Das Wintermärchen.* Ins Deutsche übertragen von Dorothea Tieck. In: Ders.: *Sämtliche Werke,* Wiesbaden: R. Löwit, 1976, S. 268.

Der Narwal

Herman Melville: *Moby-Dick oder Der Wal.* Deutsch von Matthias Jendis. München: Carl Hanser Verlag, 2001, S. 239–40.

Die Krähe

Edgar Allan Poe: »Der Rabe«. Übersetzt von Theodor Etzel. In: Edgar Allan Poe: *Der Rabe und andere Gedichte*. Aus dem Englischen von Theodor Etzel und Karl Lerbs. Köln: Anaconda, 2014, S. 124.

Der Hase

Philostratos: *Die Bilder*. Griechisch-deutsch. Nach Vorarbeiten von Ernst Kalinka herausgegeben, übersetzt und erläutert von Otto Schönberger. München: Ernst Heimeran Verlag, 1968, S. 103.

C. Plinius Secundus d. Ä.: *Naturkunde*. Lateinisch und deutsch. Buch XXVIII. Herausgegeben und übersetzt von Roderich König in Zusammenarbeit mit Gerhard Winkler. Darmstadt: Wissenschaftliche Buchgesellschaft, 1993, S. 171 / 173.

M. Valerius Martialis: *Epigramme.* Lateinisch und deutsch. Herausgegeben und übersetzt von Paul Barié und Winfried Schindler. 2., verbesserte Auflage. Düsseldorf; Zürich: Artemis und Winkler, 2002, S. 345.

Aëtius d'Amide / Wegscheider, Max (Übs.): *Geburtshülfe und Gynäkologie bei Aëtios von Amida* (Buch 16 der Sammlung). Berlin, Julius Springer, 1901. S. 20.

Elizabeth Goudge: *Das kleine weiße Pferd.* Übersetzt von Sylvia Brecht-Pukallus, Verlag Freies Geistesleben, 2018.

Auszug aus »The Names of the Hare«, aus dem Mittelenglischen (in der Version von Seamus Heaney), Erstveröffentlichung in *The Rattle Bag* (hier übersetzt von Tobias Rothenbücher) © The Estate of Seamus Heaney. Mit freundlicher Genehmigung von Faber & Faber Ltd.

Der Wolf

Publius Ovidius Naso: *Metamorphosen.* In deutsche Hexameter übertragen und herausgegeben von Erich Rösch. 11., überarbeitete Auflage. München und Zürich: Artemis Verlag, 1988, S. 17 u. 19.

Der Pate/The Godfather © Paramount Pictures Corp. All Rights Reserved. Used with permission.

Der Igel

C. Plinius Secundus d. Ä.: *Naturkunde.* Lateinisch und deutsch. Buch VIII. Herausgegeben und übersetzt von Roderich König in Zusammenarbeit mit Gerhard Winkler. Darmstadt: Wissenschaftliche Buchgesellschaft, 1993, S. 101.

Der Elefant

Henry Labouchère: *Aus dem Tagebuche eines Belagerten.* (Übersetzer nicht genannt) Leipzig: Verlag von I. H. Webel, 1871, S. 51.

C. Plinius Secundus d. Ä.: *Naturkunde.* Lateinisch und deutsch. Buch VIII. Herausgegeben und übersetzt von Roderich König in Zusammenarbeit mit Gerhard Winkler. Darmstadt: Wissenschaftliche Buchgesellschaft, 1993, S. 29.

Der Storch

Hans Christian Andersen: *Andersens Märchen.* Vollständige Ausgabe. Aus dem Dänischen von Mathilde Mann. Köln: Anaconda, 2010, S. 161/62.

Die Fledermaus

Bram Stoker: *Dracula. Ein Vampirroman.* Aus dem Englischen von Stasi Kull. Köln: Anaconda, 2016, S. 22.

Der Thunfisch

Ernest Hemingway: *Reportagen 1920–1924.* Deutsch von Werner Schmitz. Reinbek bei Hamburg: Rowohlt, 1990, S. 95/96.